侦察图像清晰化及质量评价方法

李从利　韩裕生　袁广林　薛　松　编　著

合肥工业大学出版社

前 言

随着高清成像设备的出现和数字处理技术的迅猛发展，图像的成像质量有了极大的提升，但由于不良天候、器件性能和成像平台相对运动等因素的影响，采集到的图像一般会不同程度地降质。为增强视觉系统的鲁棒性和图像后处理的可用性，需对降质图像进行清晰化处理，这一点在军事侦察图像处理领域尤为关键。由于图像清晰化处理属于计算机视觉的一个底层研究问题，涉及的基础理论尚不成体系、退化降质过程精准建模困难、不确定影响因素多、原生图像样本少，因此探索构建具有广泛适应性、高效可行性的图像清晰化算法在未来一段时间内仍是一项具有挑战性的工作。

目前关于图像清晰化处理技术资料较多，但针对侦察图像存在的不良天候(雨、雾)干扰，模糊抖动，成像分辨率不高和噪声多的典型问题展开清晰化处理及效果评价的图书较少，基于此，本书尝试围绕该主题展开框架设计和内容编撰，首先分析侦察图像的特点，结合如何进行清晰化处理和如何对清晰化效果进行评价两个紧密联系的环节展开研究。本书在撰写过程中重点把握了以下特点：(1)研究对象的特殊性。由于侦察图像成像平台和成像条件所限，清晰化处理集中在去噪、去模糊、去雾、超分重建和去雨五个方面。(2)处理技术的通用性。本书在研究可见光图像清晰化处理时，也考虑到了该技术的通用性，可方便拓展至微光、红外等图像中。(3)清晰化处理与效果评价两环节紧密结合。即将效果的客观量化评估与清晰化处理紧密结合，对清晰化处理算法的有效性进行评估。

全书共 8 章，重点围绕侦察图像有哪些特点、清晰化和评价的基础知识有哪些、如何针对侦察图像降质情况进行清晰化处理及效果评价三个问题阐述，层层递进，达到理论和实践相结合的目的。前两个问题用 2 个章节进行介绍，包含概述、侦察图像清晰化基础与质量评价方法基础理论等内容，对应本书第 1～2 章；第 3 个问题为本书的重点和核心部分，在第 3～7 章加以介绍和阐释，主要包括雾天侦察图像清晰化及质量评价、模糊侦察图像清晰化及质量评价、低分辨率侦察图像清晰化及质量评价、含噪侦察图像清晰化及质量评价、雨天侦察图像清晰化及质量评价等 5 个方面的内容。本书的总结与展望部分放在第 8 章。

本书内容为作者多年从事军队重点项目、相关自然科学基金课题研究的成果总结，其中第1、3、4、6、8章主要由李从利、薛松完成，第2、5、7章主要由韩裕生、袁广林完成，最后由李从利对全书进行统稿。编写过程中，对相关清晰化效果的评价算法的设计和编程实验部分由韦哲、李梦杰完成，去雨清晰化部分采用了已毕业研究生周远的论文成果，另外王勇、徐国明、袁宏武三位同志也做了部分工作。

本书参考并引用了相关文献的观点和图像素材(已标出)，在此向其作者表示感谢；在内容审校和出版过程中，得到了合肥工业大学出版社编辑刘露老师的大力支持和指导，在此一并致谢。

由于作者学识水平和时间所限，书中难免存在不妥和疏漏之处，恳请各位读者批评指正。

本书的出版得到了偏振光成像探测技术安徽省重点实验室、陆军“先进光电探测与末端防御技术”创新团队建设项目资助。

编著者

2020年7月

目　　录

第1章 概 述

1.1 研究背景

侦察图像作为一种可视化的战场信息载体，直观反映了感兴趣区域发生的场景。“一图胜千言”，侦察图像在现代战争中发挥着越来越重要的作用。借助先进成像技术手段，可实现多空间、全天候、不间断的图像信息获取，为后续军事动作和决策判断提供了坚实的支撑。

成像过程会受到很多因素的影响，如大气干扰、平台震动、相对运动、成像器件分辨率、光谱受限等，导致图像降质，从而影响后续使用，所以需要对其进行清晰化处理。

清晰度是衡量图像质量优劣的重要指标之一，但图像清晰化(Image Clarity)却难以给出明确的定义和处理范围。一般认为其属于图像增强(Image Enhancement)的一个分支或方向，可简单理解为将降质退化图像按照设定的模型(逆过程)实现图像细节、纹理或轮廓、颜色等信息增强的过程，主要包括图像去噪(Image Denoising)、图像去雾(Image Dehazing)、图像去雨(Image Derain)、图像去模糊(Image Deblur)、图像超分重建(Image Super - Resolution Reconstruction)以及光谱重建(Image Spectral Reconstruction)等内容。上述处理技术环节属于图像处理领域经典而常新的内容，每年的顶级会议(CVPR、ICCV 及 ECCV 等)和期刊(TPAMI、TIP 等)会公布相当数量的成果。考虑到侦察图像降质退化的实际情况，本书重点研究前五个处理环节。

侦察图像按照波段可分为微光图像、可见光图像、红外图像、多光谱(超光谱)图像、合成孔径雷达(Synthetic Aperture Radar，SAR)图像等类型；按照成像平台可分为单兵侦察图像、车载侦察图像、机载侦察图像、弹载侦察图像、舰载侦察图像和星载侦察图像等类型。考虑到技术的通用性和出版需要，本书选择陆基、空中拍摄的典型可见光侦察图像为研究对象，结合图像清晰化的五个方面进行阐述。

在完成侦察图像去噪、去雾、去雨、去模糊、超分重建等清晰化处理后，如何进行科学量化以及清晰化效果评估也是本书另外一个重点研究内容。仅仅依赖人眼视觉感知的主观判定对图像的质量进行评价，既费时，代价又高，难以满足评估批量数据和嵌入自动化处理体系的要求。关于图像质量评价(Image Quality

Assessment，IQA）的研究较早，取得了许多重要成果，利用图像质量评价技术对清晰化结果进行评价可满足既定算法的效果评定，也可实现算法选择和参数优化。因此开展侦察图像清晰化研究并对清晰化后的效果进行评价，使得清晰化后的图像符合人眼视觉感知，具有一定的理论研究意义和军事应用价值。

1.2 图像清晰化方法及研究现状

下面分别从图像清晰化的去噪、去雾、去模糊、超分重建、去雨五个方面进行介绍。

1.2.1 图像去噪技术研究现状

由于成像设备（包括传输、存储设备）固有的物理局限性，图像在生成获取时不可避免地会掺杂一些随机噪声，噪声会妨碍图像观看和后续信息提取，可理解为一种基本的信号失真，严重影响了图像的可解释性。因此，对图像噪声的抑制和去除已成为图像分析和处理的基本环节，图像去噪领域取得的成果与进展反过来也有助于加深图像内容的深层理解。图 1-1 所示为典型含噪图像示例。

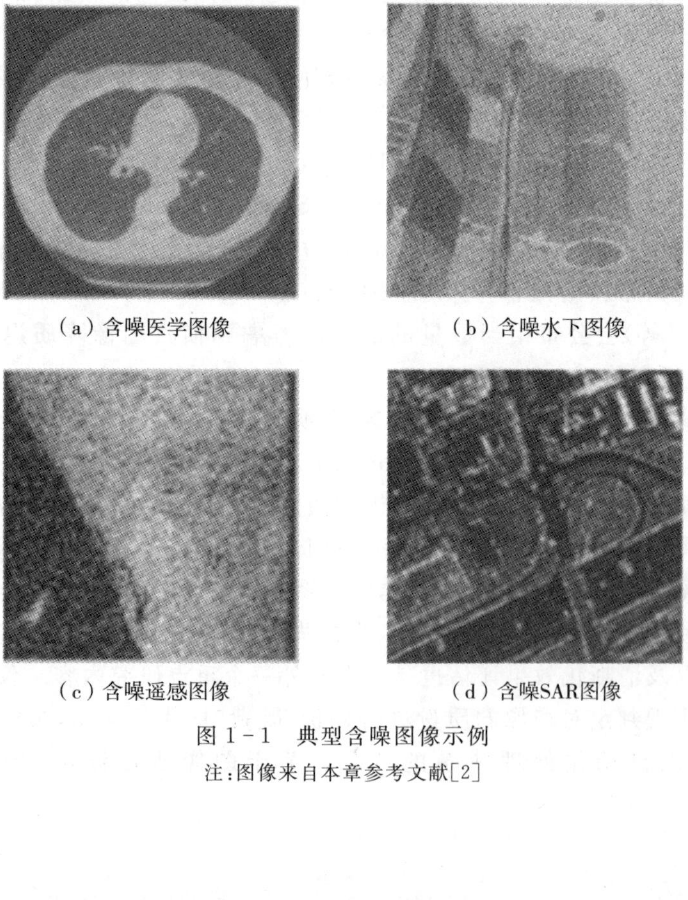

（a）含噪医学图像　（b）含噪水下图像

（c）含噪遥感图像　（d）含噪SAR图像

图 1-1　典型含噪图像示例

注：图像来自本章参考文献[2]

图像中存在的噪声类型众多,研究较多的有:加性高斯白噪声(Additive White Gaussian Noise, AWGN)、量化噪声(Quantization Noise)、泊松噪声(Poisson Noise)和斑点噪声(Speckle Noise)。其中加性高斯白噪声主要发生在图像采集和传输期间的模拟电路中,而量化噪声、泊松噪声和斑点噪声等其他类型噪声的产生主要是由于生成编解码错误、传输误码和采集过程中的光子计数不足等原因。图像在表达实际场景的相关信息时,用像素值的高水平变化来“刻画”轮廓边缘和纹理细节特征,很显然,随机表现的噪声不可避免地破坏了像素的“刻画”信息,研究者们一直致力于寻找理想的去(降)噪方法,在去除混杂的噪声信号的同时最大限度地保留“刻画”信息,很多工作都是在细节保留和噪声降除上优化权衡,这一问题还未有效解决,图像去噪工作目前还有提升空间。

二十多年来,人们设计并研究了多类有效的去噪方法,按照使用的技术理论可分为:基于光谱和多分辨率分析的去噪方法、基于偏微分方程的去噪方法、基于概率论和统计的去噪方法、基于神经网络(机器学习)的方法等;按照去噪算法类型可分为:基于滤波的方法(空间域、变换域及混合域)、基于稀疏表达的方法、基于低秩聚类的方法、基于统计模型的方法、基于字典学习的方法、基于深度学习的方法等;按照去噪的图像数量又可分为基于单幅图像去噪的方法、基于多幅图像去噪的方法。下面以采用算法分类的方式进行简要分析。

人们提出的经典去噪方法有均值滤波、中值滤波以及维纳滤波等方法。它们的优点和缺点同样明显,如均值滤波可作用于颗粒噪声,同时带来的是估计图像的模糊,又如中值滤波方法对椒盐噪声十分奏效,缺点是细节易丢失。随着人们对去噪技术的要求越来越高,经典方法已难以满足技术要求,随后人们便设计了新的去噪方法——基于小波变换的图像去噪方法、基于双边滤波的图像去噪方法、基于非局部均值的图像去噪方法等。

小波理论应用于图像噪声将其提升到一个显著水平,如平移不变量小波去噪法、GHM多小波去噪法、联合隐式马尔可夫链及多尺度随机过程去噪法。由于小波变换具备的时频局部分析以及多分辨率分析特性,使得它在去噪过程中能保留大部分有用的小波系数,故一般不会丢失图像细节。

人们对平滑去噪和边缘细节保留方面(边缘维持)的去噪研究突出成果是双边滤波,后来著名的SUSAN框架被提出,学者Tomasi及Manduchi将这一方法称为双边滤波(Bilateral Filter)。由于该方法的非迭代特性,使其具有在去噪的同时不破坏细节边缘的优点,因此被广泛使用。人们在此基础上又研究了基于样图纹理合成的非局部均值(Non - Local Means,NLM)去噪算法。

2006年,Elad基于清晰和噪声图像在变换域中的稀疏表现差异提出了K - SVD算法,K - SVD去噪效果显著,但有时会出现平滑现象。Foi等人改进了稀疏表示的方法，即形状自适应离散余弦变换去噪方法，由于去噪同时兼顾了纹理细节信息，所以效果较好。同样人们将低秩矩阵逼近（Low - Rank Matrix Approximation，LRMA）理论应用于图像去噪也获得了显著效果，代表性方法有核范数最小化（Nuclear Norm Minimization，NNM）以及加权核范数最小化（Weighted Nuclear Norm Minimization，WNNW）算法。由于需要考虑奇异值的比重及分布估算，该类方法的计算代价较高。

尽管以上大多数方法在图像去噪上都取得了相当不错的效果，但还有以下明显不足：(1)测试需要优化方法；(2)参数需要手动设置（暴力调参）；(3)模型限定降噪任务。

深度学习理论渐趋成熟，在去噪领域也取得了令人瞩目的成果。机器学习方法最早在20世纪80年代就被Zhou等人用于图像去噪，首先使用具有已知的移位不变模糊函数和加性噪声的神经网络来恢复潜在的“干净”图像；之后人们对神经网络使用加权因子并利用前馈网络在降噪效率和性能之间做出权衡；随后，更多的优化算法被用来加速训练网络的收敛并提高去噪性能，如结合最大熵和原始拉格朗日乘子来增强神经网络的表达能力，贪婪算法和异步算法相结合并应用于神经网络，增加深度或更改激活功能。尽管这些方法可以获得很好的去噪效果，但仍需手动设置模板的参数。为此人们又研究了梯度下降去噪方法，尽管取得了一定的效果，但这些网络模型相对固化，调整困难，从而限制了其实际应用。

卷积神经网络（Convolutional Neural Networks，CNN）的出现给去噪工作带来新的源动力，CNN和LeNet在手写数字识别中都有实际应用。尤其是2012年AlexNet在ImageNet大规模视觉识别挑战赛（Large - Scale Visual Recognition Challenge，ILSVRC）中取得了应用级的夺冠表现。之后，深层网络架构（如VGG和GoogleNet）被广泛应用于图像识别、视频分析、自然语言处理和语音处理领域，尤其是低级计算机视觉。

2015年Liang、Xu等人首次将深度网络应用于图像去噪，设计的网络模型去噪参数无须手动设置；一个完整的去噪CNN由卷积、批量归一化（Batch Normalization，BN）、整流线性单位（Rectified Linear Unit，ReLU）和残差学习（Residual Learning，RL）等部分组成。同时，在图像噪声的盲去除方面，人们设计了一种快速灵活的降噪网络CNN（FFDNet）。2018年，有学者结合两个阶段生成对抗网络（Generative Adversarial Network，GAN）的CNN盲降噪模型（GCBD）来解决噪声图像中的不匹配和去噪效率低的问题。

综上所述，空间域滤波器能够消除高频噪声，但以模糊低对比度信息为代价，而变换域方法能够保留均质区域中的细节，但可能会在边缘周围引入振铃伪影。字典学习和稀疏表示方法虽然具有冗余和不完整的字典，但它们常常带来计算负担。一个理想的去噪算法应具有清晰的模型表示、非局部分组、自适应基函数以及计算代价小的特点。往往单个去噪算法无法展现出所需的适用性，因此，将不同领域中的去噪方法结合起来克服彼此的局限性是一个可发展的方向。

最近几年人们对于规则的高斯噪声去噪研究取得了成功，但在实际应用中，噪声往往是复杂且不规则的。一方面，改善成像硬件设备性能以抑制噪声非常重要；另一方面，如何进一步设计从叠加的噪声图像中恢复“干净”图像的算法模型也同样关键。从去噪性能一致性、高视觉去噪质量、精细特征细节的保留、伪影的减轻、自适应处理等方面来看，去噪技术仍然在进步中。

1.2.2 图像去雾技术研究现状

图像去雾属于图像处理领域中的基本问题，由于图像“雾度”取决于场景深度和随机天气，去雾问题约束项多，因此图像去雾也是极具挑战性的任务之一。室外条件下雾、霾、烟等不良天候条件会造成图像质量退化。这是由于光从场景点传播到观察者时，大气介质中的粒子会吸收和散射光。由于这些大气颗粒的存在，所拍摄图像的颜色和对比度会下降，有可能导致噪声增加和图像模糊，图 1－2 所示为同一场景的雾天和晴天对比图像。

图 1－2 同一场景的雾天和晴天对比图像

注：图像来自 https://www.theguardian.com

目前人们已经提出了许多图像去雾的方法，核心是如何消除不利因素，从含雾图像中恢复有用信息以提高图像质量，例如场景深度、对比度、颜色通道等。相关研究有些零散，还没有建立完整的理论体系，一般可分为图像增强（有时候人们也将基于 Retinex 的方法单独列出来）和物理模型恢复两大类。随着深度学习技术的发展，其在图像去雾领域也得以大展身手，因此也可以将其单独划为一类。这些方法可以统称为传统去雾方法和深度学习的去雾方法，下面对这两类方法进行简要概述。

1. 传统去雾方法

基于图像增强的典型去雾方法有直方图均衡、Retinex 算法、模糊增强、小波变换和单像素级去雾等。其中基于人类彩色视觉模型的 Retinex 算法又可分为单尺度 Retinex 和多尺度 Retinex。此类去雾方法从含雾图像本身出发，而没有分析雾天图像降质退化的原因，因此在去雾过程中会损失大量细节信息，同时存在对比度降低等问题。基于物理模型恢复的典型去雾方法有多图像融合处理算法、偏微分方程方法、Tan 和 T. Fattal 方法、Markov and Bayesian 和 He 方法等。通常情况下，除雾过程需要融合几个不同的步骤才能获得显著的效果。例如，直方图均衡算法将图像分割与动态拉伸相结合，而 He 方法则将图像分割、直方图拉伸和双边滤波与滤波相结合，以消除光晕和块效应，并避免图像色彩过饱和。此类去雾方法对雾天图像降质的原因进行了分析和建模，据此复原出无雾图像，处理过程中图像信息丢失少，图像复原效果较为理想。

2. 深度学习的去雾方法

深度学习技术凭借强大的特征学习能力被广泛应用于图像处理各领域，图像去雾方向也概莫能外。Cai 等提出了 DehazeNet 网络结构实现端到端的单幅图像去雾，将有雾图和图像传输率之间的关系融入网络各层中，取得了较好的去雾效果，但将介质传输率和大气光值分开估计，去雾性能受损。Zhang 等设计了一种将介质传输率和大气光进行联合优化的金字塔密集连接去雾网络。Chen 等提出了一种基于径向基函数思想构建去雾模型来实现去雾处理，该网络模型对图像可见边缘和细节信息恢复能力强。Ren 等对有雾图像综合运用白平衡、伽马校正及对比度增强的方法进行预处理，利用深度模型学习 3 张预处理图像对应的置信图，再通过多尺度融合得到无雾图像。Dong 等人设计了一个带有融合鉴别器（FD-GAN）的完全端到端的生成对抗网络，较好地实现了图像的去雾处理。刘宇航等人提出了一种基于多尺度融合和对抗训练的图像去雾算法，采用多尺度特征提取模块从多个不同尺度中提取雾霾相关特征，利用残差密集连接模块实现图像特征的交互，由于其不基于大气散射模型，直接将图像的浅层特征和深层特征进行多尺度融合，所以克服了物理模型的不精确性。基于生成对抗网络的方法还有很多，这里不再赘述。

还有一种以偏振特性为理论基础的去雾方法，其基于光具有偏振的特性，通过相机偏振片获取同一场景的不同偏振度的两幅图像，进而估计出环境光，复原清晰图像。但是由于偏振特性与雾霾浓度有关，所以该类方法在轻薄雾时复原结果较好，而对浓雾图像处理结果较差。

1.2.3 图像去模糊技术研究现状

图像去模糊同样是经典且尚未有效解决的问题，众多学者对图像去运动模糊展开研究，取得了一系列重要成果，可归因于高效推理算法的出现、自然图像先验知识运用和普适性强的运动模糊模型的建立。几种典型运动模糊图像示例如图

1－3所示。

图1－3 几种典型运动模糊图像示例

注：图像来自本章参考文献[9]

运动模糊图像可以描述为原始图像与运动模糊核或点扩散函数的卷积。图像去运动模糊的方法一般可以分为两种：非盲去模糊法和盲去模糊法。如果点扩散函数已知，去运动模糊是图像退化的逆过程，退化图像是原始清晰图像与点扩散函数卷积得到的结果，那么去运动模糊可以通过对退化图像进行逆卷积获得原始清晰图像，这个过程称为非盲去模糊；如果点扩散函数未知，则需要估计点扩散函数，然后再按照非盲去运动模糊的过程继续进行图像复原，这种方法称为盲去运动模糊。近几年，随着深度学习理论的迅猛发展，许多学者开始将目光转向使用深度学习方法去除图像运动模糊，这大大提升了模糊图像恢复的速度，并取得了不错的复原效果。

非盲去模糊法分为频域方法和空间域方法。早期的方法包括逆滤波和维纳滤波。逆滤波对无噪声的模糊图像处理效果较好，后续改进的维纳滤波能够有效抑制噪声的影响，但是对无先验信息的情况会出现振铃效应。在后续研究中，学者们又相继提出了多种方法并取得了较为良好的效果。空间域最常用的模糊图像去运动模糊算法是Richardson－Lucy(RL)算法，该算法利用最大似然估计对模糊图像进行迭代求解，随着迭代次数的增加最终结果收敛于最大似然解。然而，RL算法对噪声较为敏感，在噪声存在的情况下很容易影响图像恢复的最终效果。后续有学者在RL算法的基础上进行了改进，提出的一些算法能够较好地恢复图像信息。

由于在多数情况下并不清楚图像运动模糊形成的原因，因此促使了盲去运动模糊的发展。盲去运动模糊主要解决在模糊核未知的情况下图像的恢复问题，解决思路有两种：一种为先估计出模糊图像的运动模糊核，然后根据模糊核反卷积恢复出高质量的清晰图像；另一种是同时迭代求得图像的模糊核和去模糊图像。基于以上两种方法，学者们提出了众多方法，包括利用总变分的方法、基于变分贝叶斯估计的方法、基于最大后验概率模型的方法、基于图像梯度的方法、基于稀疏的方法等。此外，随着研究的深入，基于多尺度迭代去除运动模糊的方法也得到了发展。

深度学习作为图像处理的一个有效手段近年来广泛应用于图像去模糊等研究中。有学者提出了利用卷积神经网络模型去除图像模糊；有学者利用深度神经网络提取图像清晰的边缘信息。近年来，随着生成式对抗网络（GAN）模型的提出，基于GAN网络的图像处理技术得到了广泛研究，有学者利用GAN模型提出了一些运动模糊的图像复原方法。在深度学习理论发展的基础上，不少学者相继提出了众多新模型，不断丰富和完善图像去模糊的理论和效果。

1.2.4 图像超分重建技术研究现状

图像超分辨率（Super Resolution，SR）重建是将低分辨率（Low Resolution，LR）图像通过信息处理方法重构出高分辨率（High Resolution，HR）图像。由于SR技术能在一定程度上弥补由成像设备或环境对图像造成的损坏降质，因此在医学、监控、卫星侦察等领域得以大量应用。图像的超分重建是典型的病态逆问题，一般来说从低分辨率图像重构得到的高分辨率HR图像结果并不唯一。人们构建了许多用于测试超分重建算法的图像数据集，图1-4是采用不同超分因子得到的图像结果。

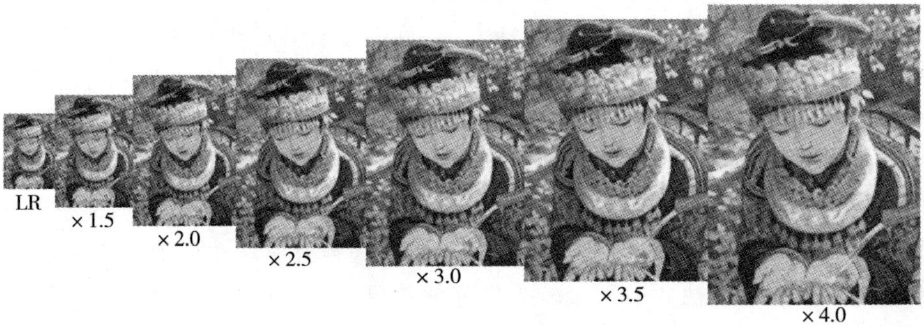

图1-4　采用不同超分因子得到的图像结果

注：图像来自本章参考文献[13]

众多学者在图像超分重建上进行了大量研究，形成了基于插值、基于重构及基于学习的方法。最早Harris提出基于插值图像的超分重建，因其具有切实有效、成本低廉的优点，被广泛应用于视频监控、医疗成像、卫星成像及影像融合等领域。在此之后，多种经典插值算法如最近邻插值、双线性插值、双立方插值等算法相继被提出。这些插值方法在一定程度上能提高图像的分辨率，实时性较高、简单易行、计算效率较高，但会损失图像的高频细节，造成图像锯齿或模糊。针对这些缺陷，有学者提出了更加复杂的插值算法，如图像局部方差插值法、回归模型插值法、自适应卷积插值法，这些插值方法在一定程度上提高了图像重建效果，但是在插值过程中只是简单利用了图像自有的信息量，并没有其他信息量的增加，因此重建之后的图像信息量没有改变，图像分辨率没有发生根本性的变化。

20 世纪 80 年代，Tsai 提出了同时使用多张低分辨率图像重建高分辨率图像的方法。这是频域重构处理首次被提出，重构方法较插值方法结果更好。Kim 将最小二乘法应用到超分重建中，增强了图像的对比度，降低了图像噪声，进一步提高了重建精度。随后一些学者针对频域方法普适性的缺陷提出了空域的重建方法，如凸集投影法、迭代反向投影法、最大后验概率法等。由于空域方法重建效果过于平滑，图像存在部分模糊，因此随着机器学习在图像处理领域的大量应用，一些学者提出了稀疏编码、邻域嵌入的方法。Freeman 提出了一种新的、颠覆性的、基于样本学习的图像超分重建方法。基于重构的方法通过获取图像的先验知识将低分辨率场景复原为高分辨率，然而由于有效先验知识的获取较为困难，因此该类方法的重建效果仍然较差。

近年来，深度学习和神经网络在图像处理领域得到了大量的应用。部分学者针对超分重建利用深度学习提出了一系列基于深度学习和神经网络的图像超分重建算法。Dong 等提出了基于卷积神经网络的方法(SRCNN)。Kim 等结合了 SRCNN 和 VGG 模型提出了极深网络的方法(VDSR)。Wang 等利用 SRCNN 网络结构提出了基于稀疏编码网络的方法(SCN)。Liang 等提出了整合先验的卷积神经网络的方法(SRCNN－Pr)，此外还有学者提出了基于深度边缘指导反馈残差网络的方法(DEGREE)。这些方法的提出极大地丰富了图像超分重建的手段，增强了图像超分重建的效果。

1.2.5 图像去雨技术研究现状

根据雨天图像清晰化处理方式，可将雨天图像清晰化分为三大类：一是基于成像参数的方法，不考虑检测模型的建立和去除算法，仅通过调节相机参数改善视频源的视觉效果，该方法适用范围广、操作简单，但可能会造成目标信息损失；二是基于时域特性的方法，对于人类视觉系统来说，雨在时域上亮度和位置的变化是最直观的，因此该类方法是视频去雨技术研究的主流；三是基于频域特性的方法，与时域特性相比，雨的频域特性更能准确地反映其本质特征，因而大大提高了该类方法的适用性。后两类方法都是研究雨滴的光学、物理特性，并建立雨场检测模型，将图像源进行有雨和无雨区域分割，以便获得受雨影响像素的最优估计值，通过像素的部分替代或完全替代的方法，补偿雨天影响造成的失真，从而改善雨天视频图像的质量。

2005年，Garg和Nayar提出了一种调节成像参数的雨天视频清晰化方法，通过实验发现相机成像参数（曝光时间、光圈级数和景深）影响着雨滴在视频中的可见性。其中，曝光时间、光圈级数与雨滴的可见性（强度变化方差）有直接的关系：曝光时间越长，雨滴的可见性越小；光圈级数越大，雨滴的可见性就越大。然而，景深对雨滴的可见性影响相对比较复杂。该方法可以在获取视频图像的同时简单有效地去除雨线，但在大雨条件和背景中有快速运动物体时效果不佳，并且成像参数的设定依赖经验且需要人机交互，应用范围受到限制，不能获得良好的去雨效果。成像参数与雨滴可见性关系如图1-5所示。

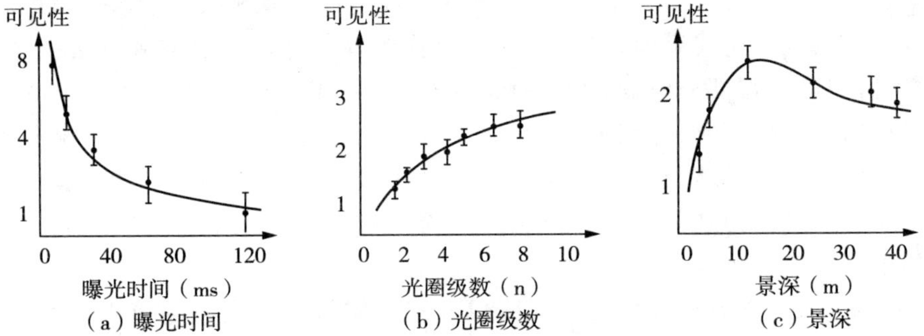

图1-5　成像参数与雨滴可见性关系

基于时域方法的焦点是如何将像素在时空上的变化特性与雨滴联系起来，优点是可以直观地研究雨滴的特性，建立雨场模型，易于扩展和改进，其难点在于如何使该模型既能保证检测的准确性，又能最大限度地适用于不同的雨天条件。目前，时间特性、色彩特性以及混合特性在雨场检测中取得了良好的效果。

1. 时间特性

早期Starik和Werman提出了一种基于时域中值滤波的雨天视频清晰化算法。该算法对视频图像中的每一个像素沿着序列帧进行中值滤波，从而达到减少雨迹的效果。该算法本质上是一种中值滤波去噪处理，认为雨滴是一种随机噪声，具有实时性强的特点，但场景中存在运动物体时会产生模糊，视频恢复效果较差。

2004年，Garg和Nayar提出了基于光学和动力学模型的雨天视频清晰化算法，该算法模型的构建基于雨滴的两个特性：一是由于雨滴具有非常大的折射角，当雨滴在下落过程中经过背景上某一个像素点时，其像素强度值会增大（即光学模型）；二是雨滴投影在图像中的像素与雨滴运动方向有较强的时空关联（即动力学模型）。其中，光学模型是比较经典的方法，被大量运用于雨滴的初步检测。缺点是光学模型的建立是在连续3帧内同一像素不总会被雨滴覆盖的前提下,然而在大雨时这种情况是有可能发生的,因此该模型仅适用于小雨及中雨条件。另外,动力学模型为了保证检测的准确性需要31帧连续图像,实时性较差。

2008年,Brewer等人在上述算法的基础上提出了基于雨滴形状特性的雨天视频清晰化算法。虽然该算法仍然采用光学模型进行初步检测,但在雨线判别上和光学动力学模型算法相比有所改进,主要体现在:利用局部区域内雨线的物理特性来鉴别,即雨滴长宽比和方向角来进行约束。该方法具体流程如下:首先,采用本章参考文献[16]中光学模型初步检测受雨滴影响的像素;然后,利用雨滴的长宽比和方向角约束条件对上一步检测的潜在雨线进行二次判别;最后,通过前后帧对应像素的均值替代雨滴像素,恢复场景信息。相较于本章参考文献[16]中雨滴动力学模型,该方法利用雨滴形状特性模型算法进行检测时仅需3帧连续图像,大大降低了所需序列帧的数量,在实时性方面有了很大的提高。但是缺点是同样无法克服光学模型检测雨滴的缺陷,同时在大雨条件下视频中雨线会产生重叠,不符合雨线长宽比条件,视频恢复效果不佳。

2008年,Park等人提出基于卡尔曼滤波的雨天视频清晰化算法,该算法采用卡尔曼滤波替代K-means聚类算法,将雨滴看作一种脉冲噪声,同时通过卡尔曼滤波来估计雨像素的强度值,对场景图像进行恢复。相较于K-means聚类算法,卡尔曼滤波的优点是能处理实时数据,但该算法只适用于静态背景下的雨滴去除。

2011年,Bossu等人提出了一种基于混合高斯模型的雨天视频清晰化算法。为了从背景中区分出前景,该方法运用了一种典型的混合高斯模型进行检测,然后通过雨滴的光学约束条件判别雨线,同时运用几何力矩模型估计雨线方向直方图进行二次约束。该算法的优点是可以处理动态背景下视频中的雨线,缺点是该模型只能检测出明显的雨线,漏测雨线的概率高。

2. 色彩特性

基于雨滴光学及物理特性的雨天视频清晰化方法存在应用条件的局限性,雨量的增大和雨线的重叠使该缺陷更为明显。为了避免此问题,部分学者不再使用雨滴的先验知识判别雨滴,而是通过受雨影响像素的变化特性来进行识别。由于色彩特性不需要假设成像模型,不同条件下的雨更容易得到满足,算法也更具有鲁棒性。通过分析雨天视频中连续帧内像素的R、G、B颜色分量的变化发现,受雨影响像素的颜色分量变化(ΔR、ΔG、ΔB)几乎相同。

2009年,刘鹏等人在本章参考文献[17]中算法的基础上,进一步将人眼视觉特性与雨滴色彩特性相结合,建立了基于色彩特性的雨滴检测模型,并且为了提高雨滴检测的准确性,提出了区分雨滴与其他运动物体的判别函数。与本章参考文献[17]相比,该算法克服了雨滴检测中需要利用统计分类的缺点,缩短了处理时间，提高了算法的实时性，同时也有效地去除了视频中雨滴的影响。2010年，刘鹏等人改进了基于色彩特性的雨滴检测模型，结合人眼分辨原理指出受雨影响像素与背景像素具有相同的色相值。该算法将RGB彩色空间转换为HSV彩色空间，在获得良好的去雨效果的同时提高了算法的效率。2013年，董蓉等人构建了对数图像处理框架下灰色调约束的雨滴检测模型，代替了传统的RGB彩色空间来检测和去除雨滴，符合人眼的视觉规律，并利用雨线方向特性进行约束，提高了检测的准确性。

3. 混合特性

2006年，Zhang等人提出了一种新的雨天视频清晰化算法，该算法将雨滴的时空特性与色彩特性相结合，弥补了单一特性检测的缺陷，有效提高了雨天视频清晰化算法的普适性。其检测模型的构建基于雨天视频的两个特性：第一，视频图像中一个像素点不可能在视频序列中的所有时段都被雨滴覆盖，所以相机捕捉静态场景下视频中的像素直方图展现了两个峰值，进而可以通过K－means聚类算法来鉴别这两个峰值，即背景像素和雨滴像素；第二，由于雨滴的作用，受雨影响像素的R、G、B三种颜色成分的强度变化可以近似为一致的。实际上，这种颜色变化的分量受到一个小的阈值限制。如果R、G、B和R'、G'、B'是两个连续帧相同位置像素的色彩分量，那么色彩分量的改变量$\Delta R=R\Delta R'$、$\Delta G=G\Delta G'$和$\Delta B=B\Delta B'$是近似一致的。

受上述算法启发，为了降低运算时间、提高实时性，赵旭东等人提出了一种改进的基于时间轴方向灰度分布特性的雨天视频清晰化算法。该算法在本章参考文献[17]的基础上，对像素强度直方图进行改进，加入雨滴的时空特性，使其突破了只能对静态场景下的雨滴进行分类的限制，提出了在动态场景下存在第三个波峰的直方图模型。由于该方法只用处理灰度分量的直方图模型，虽然降低了时间成本，但去雨效果不及Zhang提出的方法。同样，董书莉对本章参考文献[17]中的方法进行了改进，在雨线检测时将RGB彩色空间转换为YCbCr彩色空间，降低了算法的复杂性，提高了实时性。

从时域上对视频中雨滴进行检测往往需要一系列连续帧进行判别，时效性较差，为了提高雨天视频清晰化算法的时效性，对视频信号的处理需要更为快速、简洁的分析方法，学者们逐渐开始从频域角度分析雨滴特性。通过总结近年来基于雨滴频域特性的雨天视频清晰化算法的研究成果，可以将其分为两类：一是基于频域模型的雨天视频清晰化算法；二是基于稀疏分解的雨天视频清晰化算法。

1. 基于频域模型的雨天视频清晰化算法

2009年，Barnum等人抛弃了从时域上分析像素和像素块的方法，将雨场作为研究对象，从信号频域角度建立模型，提出了基于频域空间分析的雨天视频清晰化算法。由于单独研究雨滴频域模型比较困难，该算法用模糊高斯模型来近似模拟雨滴产生的运动模糊（雨线），建立雨场的频域模型，并采用频域滤波器来减少雨线。相比于基于时域的去雨算法，基于频域空间分析的算法在相机运动或视频场景中出现运动物体时，可以快速有效地检测雨线，如图1-6所示。

（a）原图　（b）去雨效果　（c）雨滴

图1-6　基于频域模型的雨天清晰化效果

注：图像来自本章参考文献[15]

2014年，Santhaseelan等人提出了一种基于局部相位信息的雨天视频清晰化算法。该算法首先利用基于相位的纹理检测算法，得到候选雨线；然后，利用雨滴的光学特性建立判别模型，对候选雨线进行二次约束；最后，通过光流法确定受雨影响像素时域及空域内相邻像素值，建立最优化模型，从时域及空域内相邻像素中选择相应的最优估计值，作为其受雨影响像素的恢复值。该算法克服了采用固定阈值恢复模型带来的误差，增强了视频的流畅性，但雨滴光学模型约束单一，会导致雨滴的误检测。

2. 基于稀疏域分解的雨天视频清晰化算法

2012年，Kang等人提出了一种基于图像分解的单幅雨天图像清晰化算法，首先通过双边滤波器（Bilateral Filter）对图像进行分解，获得待去雨图像的低频部分和高频部分，然后利用图像分解及字典学习的方法对高频部分中的雨线进行检测和去除，最后将低频部分与去雨后的高频部分相加得到去雨图像，如图1-7所示。该方法检测精度高、自适应性强，可取得良好的去雨效果。但在某些情况下，双边滤波器不能将雨线从低频部分完全分离出来，而且在图像分解过程中可能会发生误检测，从而导致去雨效果不理想。2013年，Chen等人利用图像引导滤波器（Guided Image Filter）代替双边滤波，提高了图像分解的准确性。

在给出了清晰化技术发展现状分析后，考虑到本书另外一个重要环节——清晰化质量的评估，下面结合图像质量评价技术发展进行现状分析。

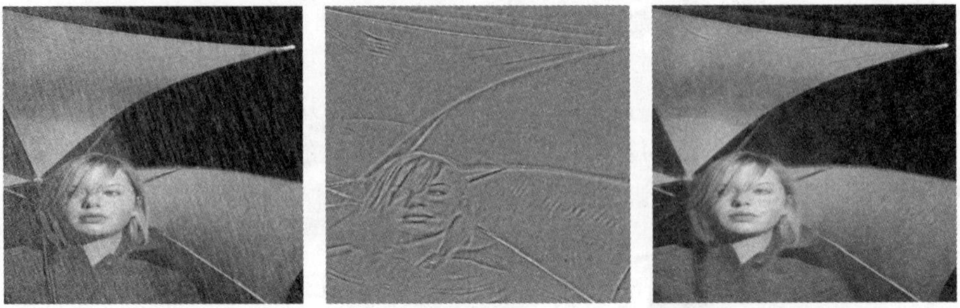

(a) 原图　(b) 无雨部分　(c) 去雨效果

图 1-7　基于稀疏分解的雨天图像清晰化效果

1.3　图像质量评价技术研究现状

随着图像处理技术的发展,图像在生产生活中得到了广泛的应用,图像质量评价在其中扮演着重要的角色,有关图像质量评价理论的研究也得到了迅猛的发展。图像质量评价可分为主观图像质量评价和客观图像质量评价。由于主观图像质量评价成本高、时效性差,因此客观图像质量评价成为研究的主流。客观图像质量评价算法旨在设计能够准确和自动感知图像质量的算法模型,使之能够符合人眼视觉感知。依据所需参考信息的多少,客观图像质量评价可分为:全参考(Full-Reference,FR)、弱参考(Reduced-Reference,RR)、无参考(No-Reference,NR)。下面对这三类方法进行简要介绍。

1.3.1　全参考图像质量评价

全参考图像质量评价是指将待测图像相同场景的高质量图像作为参考图像,通过衡量待测图像和参考图像的全部信息的相似性获得图像质量。早期简单的两类全参考方法为均方误差(Mean Square Error,MSE)和峰值信噪比(Peak Signal to Noise Ratio,PSNR),这两种方法直接对图像的像素灰度值进行计算,过程简单、意义明确,广泛应用于多媒体行业中。但后续研究表明了这两类方法在某些情况下不符合人眼视觉系统(Human Visual System,HVS)感知。因此根据 HVS 对不同视觉信号的敏感度不同,提出了基于 HVS 的方法,具有代表性的两个方法是噪声质量测量(Noise Quality Measure,NQM)和视觉信噪比(Visual Signal to Noise Ratio,VSNR)。然而由于人类视觉系统的复杂性,这两类方法不能准确模拟视觉感知。

Wang 等认为 HVS 关注于图像中的结构信息,并对视场内信号结构的改变具有较高的自适应性,提出了经典的基于结构相似度(Structural Similarity,SSIM)

的图像质量评价方法。通过比较失真图像与参考图像在亮度、对比度和结构相似度三个方面的差异来对图像质量进行度量，取得了较高的评价结果。

SSIM方法的出现促进了全参考图像质量评价的发展，但该方法对模糊、JPEG 2000压缩等失真类型的评价不太理想。随后有学者基于此研究提出了众多基于SSIM的改进方法，如多尺度SSIM(MS-SSIM)、复小波域SSIM(CW-SSIM)和信息量加权SSIM(IW-SSIM)。随着研究的不断进展，有学者发现人眼对场景中的轮廓信息极为敏感，提出了基于相位一致性和梯度幅值(Feature Similarity Index,FSIM)的方法，该方法又可加入颜色特征建立FSIMc模型，并用相位一致性信息加权平均。Xue等人使用梯度幅度提出了梯度幅值相似度偏差(Gradient Magnitude Similarity Deviation,GMSD)评价方法。此外，根据人眼总能快速定位重要的目标区域这一特性，Zhang等人提出了视觉显著性指数(Visual Saliency Induced,VSI)质量评价模型，通过分析图像视觉显著性映射之间的变化，建立与主观感知图像质量的关系。

综上所述，全参考图像质量评价方法发展已较为成熟，然而要实现更具意义的测量方法，需要研究基于人类视觉系统的计算模型。通过计算感知误差，能够更深入地理解人类视觉系统，构建与人眼主观感受具有较高一致性的算法模型，并且能够进行实时评估。

1.3.2 弱参考图像质量评价

弱参考图像质量评价只利用参考图像的部分信息预测图像质量，该类方法在一定程度上解决了无法获得高质量参考图像的问题，其基本框架如图1-8所示。

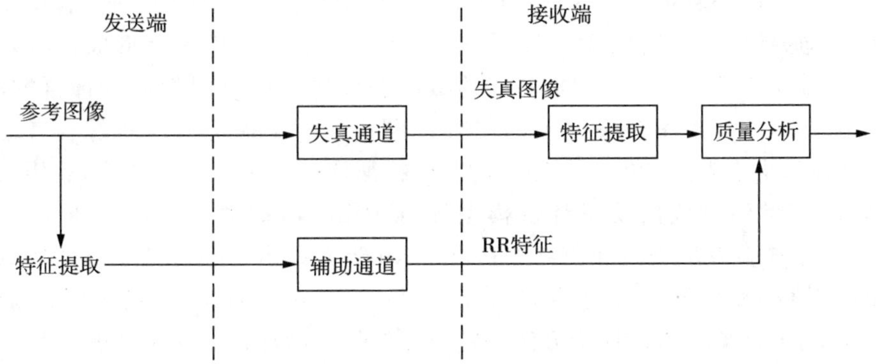

图1-8 弱参考图像质量评价基本框架

弱参考图像质量评价方法由三部分组成：(1)在发送端对原始图像进行特征抽取，将抽取出来的特征信息使用特定的辅助通道进行传输；(2)在接收端对失真图像进行同样的特征抽取操作，得到失真图像的特征值；(3)比较辅助通道传输的特征信息和接收端失真图像的特征信息，综合分析特征之间的差异获得失真图像的质量评分。

弱参考图像质量评价主要分为两种类型，一类是以图像特征提取为基础的弱参考图像质量评价方法。该类方法需要选择合适的特征以保证图像质量评价效果，同时还需尽量保证特征的简洁性以减轻特征传送通道的负担。因此需要提前对图像进行时频域变换，例如小波变换(Wavelet Transform，WT)、离散余弦变换(Discrete Cosine Transform，DCT)、奇异值分解(Singular Value Decomposition，SVD)、轮廓波变换(Contourlet Transform，CT)等。另一类是在图像数据中嵌入数字水印的弱参考图像质量评价方法。此类方法将数字水印嵌入图像当中，所以不需要额外的通道进行图像特征的传输，因而更为实用。

综合而言，弱参考图像质量评价方法相对于全参考图像质量评价方法只需较少的参考信息，得到了较为准确的评价结果，但目前关于弱参考方法的研究较少。随着网络通信技术的迅猛发展，未来有关弱参考的研究会逐渐增多。

1.3.3 无参考图像质量评价

无参考图像质量评价不需要参考图像的任何信息即可评估失真图像的质量。由于在实际应用中待测图像的参考源难以获取，如航拍平台拍摄的图像，因此无参考图像质量评价有着更为广阔的应用前景。

根据适用条件的不同，无参考图像质量评价方法可以划分为针对特定失真类型的无参考图像质量评价方法和通用型无参考图像质量评价方法两类。针对特定失真类型的无参考图像质量评价方法只对某一种特定类型的失真有效或者需要事先知道图像中的失真类型。早期有学者针对特定失真类型进行了研究，重点集中在块效应、振铃效应、模糊、噪声等失真的评估上。JPEG 压缩会形成块状效应和模糊失真，Bovik 等人提出了 DCT 域的编码图像块效应盲图像质量评价方法，通过二维阶跃函数构建图像块，对 JPEG 压缩图进行质量评价。Li 等综合考虑图像块效应程度、块边界活跃度以及颜色信息等特征加权得到综合特征值，利用支持向量回归训练得到对应的质量评价模型评价 JPEG 压缩失真图像的质量。JPEG 2000 会形成振铃效应失真和模糊失真，Sheikh 等人提出了一种基于自然场景统计模型的 JPEG 2000 失真图像质量评价方法。Zhang 等提出了基于峰态系数的 JPEG 2000 失真图像质量评价方法。针对图像噪声的评价方法主要基于给定的噪声模型估计模型参数，当前流行的噪声失真评价方法主要有基于分块方法、基于变换域方法以及基于滤波的方法。Dong 等提出了一种基于峰态尺度不变性和分段平稳的噪声失真度量方法。Tang 等通过变换域尺度不变性和高峰度统计分析进行自然图像噪声失真估计。Lukas 提出了光响应非均匀性噪声(Photo Response Non - Uniformity Noise，PRNU)失真估计方法。

通用型无参考图像质量评价方法无须预知图像的失真类型，根据所提取的特征便可构建质量评价模型，因此具有更为广泛的适用性。Moorthy 等提出了两种方法：盲图像质量指标（Blind Image Quality Index，BIQI）和基于失真识别的图像真实性完整性度量（Distortion Identification - based Image Verity and Integrity Evaluation，DIIVINE）。这两种方法都是两步框架式方法，通过提取统计特征估计可能存在的失真形式，对每一种失真形式计算得分后加权获得图像的质量分数。Saad 等人提出了基于 DCT 变换统计特性的图像完整性度量（Blind Image Integrity Notator using DCT Statistics，BLIINDS），通过提取 DCT 系数，利用概率模型预测图像质量。其改进方法（BLIINDS - Ⅱ）通过 DCT 域的频率变化系数、广义能量子带比率测量、高斯模型形状参数以及基于方向模型的特征预测图像质量。Mittal 等提出了基于空域自然场景统计的方法（Blind/Referenceless Image Spatial Quality Evaluator，BRISQUE），该方法通过计算图像对比差分归一化获得统计特征预测图像质量。随着研究不断深入，有学者提出了全盲的图像质量评价。具有代表性的是 Mittal 等提出了自然图像质量评价模型（Natural Image Quality Evaluator，NIQE），通过与训练图像的高斯模型参数进行马氏距离对比获得图像质量分数。Zhang 等在 NIQE 的基础上提出了改进的 NIQE 方法（Integrated Local NIQE，IL - NIQE），IL - NIQE 方法在 NIQE 的基础上引入了更多的质量相关特征，并对图像进行分块选取，计算获得图像整体质量评分。

此外，利用深度学习的强大学习计算能力能够让模型自动完成特征选取和构建工作，从整体的角度进行质量评价。Kang 等人提出了利用卷积神经网络（CNN）构建图像质量评价模型。Kim 等人提出了一种基于 CNN 的无参考图像质量模型。Kede 等人提出了多任务端到端优化深度神经网络模型预测质量分数（MEON）。Lin 等人提出了基于生成对抗网络（GAN）的图像质量评价方法。

综上，无参考图像质量评价方法相对于全参考和弱参考，具有更为广泛的适用性。但是在实际应用中，某些场景的失真情况十分复杂，失真类型呈现出多样化和混杂化，在构建模型过程中选取适合的特征较为困难。因此，寻找不同失真对于图像的共性影响、设计通用的质量评价方法将会是未来研究的重点和难点。

1.4 本书内容

本书结合侦察图像后期处理的现实需求，针对不同类型的图像清晰化及质量评价问题展开研究，主要包括以下主要内容。

1. 侦察图像特点分析

如前所述，侦察设备具有不同的成像方式，干扰因素随机，因此在研究之前需要分析其图像特征，并对干扰因素的机理进行研究。

2. 雾天侦察图像清晰化及质量评价

着眼于雾霾天气图像退化机理，分析大气散射模型及雾霾对于成像质量的影响。根据已有的基于暗原色先验知识的退化图像改进的清晰化方法，深入分析雾霾与烟尘图像、退化图像清晰化的技术过程，重点研究基于质量等级划分的雾霾图像分类问题，实现对雾天侦察图像清晰化及质量评价。

3. 模糊侦察图像清晰化及质量评价

非稳定成像平台带来的成像降质问题是目前清晰化研究过程中的一个重要问题，重点分析空中平台获取的图像特点及模糊产生原因，研究了非稳定成像平台运动模糊图像清晰化关键技术，通过对陆基成像平台进行分析，获得的图像有较为明显的运动模糊。目前针对图像去运动模糊有了一定的研究，本书借助 DeblurGAN 构建了非稳定成像平台图像清晰化方法，并分析清晰化后可能带来的图像畸变，设计了质量评价算法。

4. 低分辨率侦察图像清晰化及质量评价

限于某些侦察成像器材的尺寸和重量，还存在一些分辨率低的侦察图像，对此类图像的清晰化处理是将基于重建方法中的正则化约束项建模思想统一到稀疏表示下的超分重建框架内，进一步与基于样本学习方法中的高频细节重建效果好的优势进行互补，建立带图像先验正则化约束项的稀疏域超分重建模型，从而设计出高/低分辨率双字典学习算法，有效解决了现有图像由于成像设备的不足和成像条件限制所带来的图像低分辨率问题。对此类清晰化效果的评价不同于前述两种，问题聚焦在超分重建后的图像能量聚集的地方（轮廓、边缘、感兴趣区域、纹理等），因此必须研究基于边缘和轮廓、显著区域对比的质量评价方法。

5. 含噪侦察图像清晰化及质量评价

噪声的天然性存在于各类侦察图像中，本书以弹载侦察为例开展研究。弹载侦察设备受外部环境和成像设备的限制，存在多种类型单独噪声及相互叠加形成的混合噪声。对此类图像重点分析弹载侦察设备获取的图像特点及噪声产生的原因，研究了弹载侦察含噪图像清晰化关键技术，通过对成像平台运动特点和图像特征分析，此类降质包含着明显的多噪声特点，目前针对多噪声的图像质量评价问题研究较少，且对于噪声之间的相互作用机理还不够明确，因此对弹载侦察含噪图像清晰化效果评价问题需进一步研究并提取相关敏感特征、构建针对性强的评价算法加以解决。

6. 雨天图像清晰化及质量评价

针对一般的雨天图像清晰化算法，由于仅考虑近景雨线对目标遮挡，而忽略远景雨场的影响，带来的恢复结果中仍存在细节模糊、对比度低及颜色不自然等问题，提出了一种基于暗原色先验和专家场模型的远景雨场检测与去除算法。根据暗原色先验理论对视频中图像进行远景雨场检测，并估算雨的浓度，找到对应雨浓度最大的天空区域，获得大气光传输估计；利用专家场模型从雨天图像中获取先验信息，对大气光传输图进行优化；根据大气散射模型反向求解，实现雨天图像清晰化及质量评价。

上述研究内容加上概述、相关基础理论介绍和后记一起构成了本书的主要框架，从问题的科学解决上可以视作一个闭环分析系统，根据不同类型侦察图像成像机理进行研究，寻求适合的清晰化及质量评价方法，依据评价效果的好坏可对清晰化方法进行适当改进以适应图像的后续处理需求。

本章参考文献

[1] 蔡博仑. 图像去雾与增强算法的研究[D]. 广州：华南理工大学，2019.

[2] 李从利，易维宁. 数字图像处理：理论、算法及实现[M]. 合肥：安徽人民出版社，2012.

[3] 陈银星. 多图像去噪方法及应用[D]. 江门：五邑大学，2019.

[4] Krizhevsky A , Sutskever I , Hinton G . ImageNet Classification with Deep Convolutional Neural Networks[C]. NIPS. Curran Associates Inc. , 2012.

[5] Xu Q , Zhang C , Zhang L . Denoising Convolutional Neural Network [C]. IEEE International Conference on Information & Automation. IEEE, 2015.

[6] Chen J , Chen J , Chao H , et al. Image Blind Denoising With Generative Adversarial Network Based Noise Modeling[C]. 2018 IEEE Conference on Computer Vision and Pattern Recognition, 2018.

[7] Cai C T, Zhang Q Y, Li Y H. A Survey of Image Dehazing Approaches [C]. 东北大学,IEEE 新加坡工业电子分会. 第 27 届中国控制与决策会议论文集(下册),2015.

[8] 周浦城，薛模根，张洪坤，等. 利用偏振滤波的自动图像去雾[J]. 中国图象图形学报，2011，16(7)：1178－1183.

[9] Lai W S , Huang J B , Hu Z , et al. A Comparative Study for Single Image Blind Deblurring[C]. IEEE Conference on Computer Vision and Pattern Recognition, 2016.

[10] Cai J F, Ji H, Liu C Q, et al. Blind motion deblurring from a single image using sparse approximation[C]. IEEE Conference on Computer Vision and Pattern Recognition, 2009.

[11] Xu X, Pan J, Zhang Y J, et al. Motion Blur Kernel Estimation via Deep Learning[J]. IEEE Transactions on Image Processing, 2018, 27(1): 194 - 205.

[12] Chen Y, Wu F, Zhao J. Motion Deblurring via Using Generative Adversarial Networks for Space - Based Imaging[C]. IEEE International Conference on Software Engineering Research, 2018.

[13] Hu X, Mu H, Zhang X, et al. Meta - SR: A Magnification - Arbitrary Network for Super—Resolution[C]. 2019 IEEE/CVF Conference on Computer Vision and Pattern Recognition (CVPR), 2020.

[14] Yang W, Feng J, Yang J, et al. Deep Edge Guided Recurrent Residual Learning for Image Super - Resolution[J]. IEEE Transactions on Image Processing, 2017, 12(26): 5895 - 5907.

[15] 周远. 雨天条件下视频清晰化[D]. 合肥:陆军军官学院, 2015.

[16] Garg K, Nayar S K. Detection and removal of rain from videos[C]. IEEE Conf. Comput. Vis. Pattern Recognit. 2004, 1: 528 - 535.

[17] Zhang X, Li H, Qi Y, et al. Rain removal in video by combining temporal and chromatic properties[C]. In: IEEE International Conference on Multimedia and Expo, 2006, 461 - 464.

[18] Wang Z, Bovik A C, Sheikh H R, et al. Image Quality Assessment: From Error Visibility to Structural Similarity[J]. IEEE Transactions on Image Processing, 2004, 13(4): 600 - 612.

[19] Zhang L , Zhang L, Mou X, et al. FSIM: A Feature Similarity Index for Image Quality Assessment[J]. IEEE Transactions on Image Processing, 2011, 20(8): 2378 - 2386.

[20] 杨曦晨. 基于 HVS 的主客观图像质量评价方法研究[D]. 南京:南京理工大学, 2018.

[21] Moorthy A K, Bovik A C. A Two - Step Framework for Constructing Blind Image Quality Indices[J]. IEEE Signal Processing Letters, 2010, 17(5): 513 - 516.

[22] Moorthy A K, Bovik A C. Blind Image Quality Assessment: From Natural Scene Statistics to Perceptual Quality[J]. IEEE Transactions on Image Processin, 2011, 20(12): 3350 - 3364.

[23] Saad M A, Bovik A C, Charrier C. A DCT Statistics - Based Blind Image Quality Index[J]. IEEE Signal Processine Letters, 2010,17(6): 583 - 586.

[24] Saad M A, Bovik A C, Charrier C. Blind image quality assessment: a natural scene statistics approach in the DCT domain[J]. IEEE Transactions on Image Processing, 2012, 21(8): 3339-3352.

[25] Mittal A, Moorthy A K, Bovik A C. No-reference image quality assessment in the spatial domain[C]. IEEE Transactions on Image Processing, 2012, 21(12): 4695-4708.

[26] Mittal A, Soundararajan R, Bovik A C. Making a 'Completely Blind' image quality analyzer[J]. IEEE Signal Processing Letters, 2013, 20(3): 209-212.

[27] Zhang L, Zhang L, Bovik A C. A feature-enriched completely blind image quality evaluator[C]. IEEE Transactions on Image Processing, 2015, 24(8): 2579-2591.

[28] Kang L, Ye P, Li Y, et al. Convolutional Neural Networks for No-Reference Image Quality Assessment[C]. Computer Vision and Pattern Recognition, 2014: 1733-1740.

[29] Kim J, Nguyen A D, Lee S. Deep CNN-based blind image quality predictor[J]. IEEE transactions on neural networks and learning systems, 2018, 30(1): 11-24.

[30] Ma K, Liu W, Zhang K, et al. End-to-end blind image quality assessment using deep neural networks[J]. IEEE Transactions on Image Processing, 2017, 27(3): 1202-1213.

[31] Lin K Y, Wang G. Hallucinated-IQA: No-reference image quality assessment via adversarial learning[C]. Proceedings of the IEEE Conference on Computer Vision and Pattern Recognition, 2018.

第 2 章　侦察图像清晰化与质量评价方法基础理论

本章针对五类典型降质侦察图像需要清晰化处理的理论基础给出了简要概述，同时对清晰化评估所用的图像质量评价方法中的经典模型进行概要介绍。

2.1　清晰化方法理论基础

2.1.1　雾天侦察图像清晰化方法基础

1. 直方图均衡化

直方图均衡化（Histogram Equalization）算法处理雾霾图像是将其像素灰度级在直方图上呈近似均匀分布，突出图像细节点，体现更佳的视觉感受，其算法原理简单易懂，从数学角度分析，全局直方图均衡化具体步骤分为以下几步：

（1）首先记原始带雾图像的灰度级总数为 L，求出原退化图像所有灰度层级并记为 $r_k(k=0,1,2,\cdots,L-1)$。

（2）求该原始图像的各个 r_k 灰度层级中的像素数，即灰度级在图像中出现的频数，记为 n_k。

（3）求出 r_k 的概率，即第 k 级灰度值其概率 $p_r(r_k)=n_k/n$，n 指的是原灰度图像像素点总数。

（4）计算公式分布函数 $s_k=T(r_k)=\sum_{i=0}^{k}p_k r_k$，画出相对应的累积直方图，其中 s_k 指的是处理后输出图像的亮度值，然后将 s_k 进行一个简单舍入处理，可得 $s_k=(L-1)s_k+0.5$。

（5）求出经处理后的新变换映射关系，即为 $r_k \to s_k$。

（6）最后求出处理后图像的各个灰度级 s_k 新的对应的像素数 n_k。

经过数学步骤分析可得，直方图均衡化是直接对图像的像素进行计算，经过拉伸原始图像灰度值的范围，最终使图像对比度增加，细节清晰，实现增强。因此不能直接用在彩色图像上，而是分别处理在图像的 R、G、B 三个分量上，再进行组合，得到最终均衡化处理后的彩色图像。

2. Retinex 理论

20 世纪 70 年代，美国物理学家 Edwin. H. Land 经过多年对人类视觉系统对色彩与亮度的感知能力研究，提出基于色彩恒常性的"Retinex"理论，该理论是视网膜（Retina）和大脑皮层（Cortex）的组合缩写，因此又被称为视网膜大脑皮层理论（Retina－Cortex Theory）。

而对于色彩恒常性，Edwin. H. Land 认为无论照在场景目标表面上的环境光如何发生改变，人类视觉系统在场景目标表面颜色上具有判断不变的意识，人眼感知能够分辨判断出光线变化在目标物产生的改变作用，即可以判定目标体表面颜色未发生变化，总是保持恒定不变的。

依据人眼颜色恒常性，Retinex 原理（图 2－1）认为一幅图像的形成是由外界大气光的入射分量（即亮度）及物体表面反射分量两部分决定的，其在数学上表达为如下：

$$I(x,y)=S(x,y)\times R(x,y) \tag{2-1}$$

其中，用数学坐标(x,y)表示图像像素；$I(x,y)$代表原接收设备获取到的图像信息；$R(x,y)$代表反射图像分量，体现图像整体本身特性，如图像的内容信息、色度信息等固有特征；$S(x,y)$代表入射图像分量（亮度分量），体现当时光照变化对图像的动态改变。因此，Retinex 理论指出除去大气光照对图像的影响，获取体现物体本身特质的反射分量，从而恢复出清晰图像。

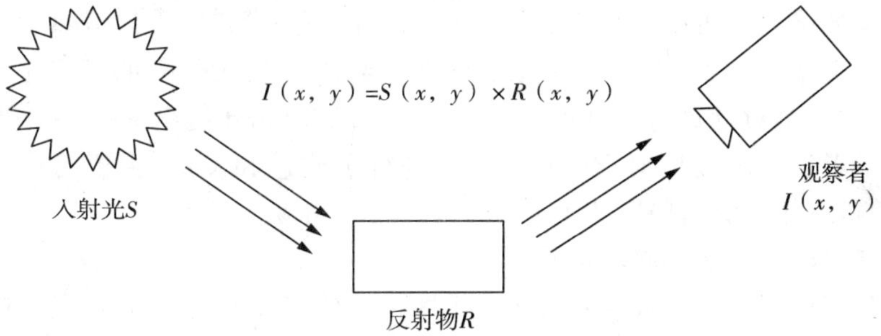

图 2－1　Retinex 原理示意图

为了获得恢复后的清晰图像，需从接收图像信息 $I(x,y)$ 中减去入射信息 $S(x,y)$ 得到代表图像本质的反射信息 $R(x,y)$。在数学领域中，人们认为乘积运算比加减运算复杂很多，为了有效消除光照入射干扰信息同时提高算法运行效率，可以对 $r(\theta)=a\left[1+\sum_{n=1}^{10}C_n\cos(n\theta)\right]$进行乘法向加法运算的转变，最终获得还原后图像的反射信息。详细数学转换过程如下：

（1）对式（2－1）进行对数变换，也就是在图像处理领域将接收图像转至人眼感知的对数域中去，转化为加法计算，如下：

$$\log[I(x,y)]=\log[S(x,y)\times R(x,y)]=\log[S(x,y)]+\log[R(x,y)] \tag{2-2}$$

(2)对式(2-2)进行左右变换,使其在图像处理领域,等号左边等于代表图像本身细节特性的反射分量的对数形式 $\log[R(x,y)]$,那么得到式(2-3)并对其再做一次简化可得到式(2-4):

$$\log[R(x,y)]=\log[I(x,y)]-\log[S(x,y)] \tag{2-3}$$

$$\log[R(x,y)]=G(x,y) \tag{2-4}$$

(3)根据前面的分析,将图像函数进行过对数域转变,那么对第二步中简化后的 $P(k)=\frac{e^{-\sigma}(\sigma)^k}{k!}$ 再进行一次取指数运算,最终获取恢复后图像 $R(x,y)$,即如下:

$$R(x,y)=\exp[G(x,y)] \tag{2-5}$$

(4)为了获得视觉效果较好的增强图像、弥补前三步处理后对比度低缺陷,此步对恢复后的 $R(x,y)$ 进行对比度增强,最终取得清晰度好、对比度高的 Retinex 算法去雾清晰化图像。

由图像的函数分析以及数学变换过程,对图像光照估计(入射分量)是 Retinex 算法中比较关键的一步,直接影响最终处理图像结果,但大气光的不稳定性也使其较难精确,通常是对其进行估计而得。在 Edwin. H. Land 提出 Retinex 理论后,国内外众多学者从不同角度对 Retinex 算法进行了改进和发展,主要可以分为三大类:基于随机路径、迭代计算、中心环绕的 Retinex 算法。

3. 基于 HVS 颜色空间转换

通常我们处理的图像大多属于彩色图像,彩色图像都是基于颜色空间内处理的,对颜色空间的转换以及颜色空间的分解掌握是图像处理领域的理论基础。目前在彩色图像领域,颜色空间可以表达成 3 个互不相关的变量的组合形式,其中 3 个变量分别指向 3 类颜色的特性,而且它们的组合能够反映出该颜色空间的所有属性,在数学三维系统中可以指向一个三维坐标系,即所谓的颜色空间。

最基本的颜色空间是 RGB,RGB 颜色空间中 R(red,红)、G(green,绿)、B(blue,蓝)。为了更精确地使用颜色,建立了颜色模型,用三个基本量来描述一种颜色,所以一般建立的颜色模型就是一个 3D 坐标系统,三个变量相结合可以表达完整的色彩信息,每一个空间点都代表某一种颜色。在颜色描述中最基本的 RGB 颜色空间,由它推导出 HSV(H 色度,S 饱和度,V 明度)、YCbCr(Y 亮度,Cb 蓝色度分量,Cr 红色度分量)、ISH(I 密度,S 饱和度,H 色调)等颜色空间模型,都是可以通过公式互相转换的，面对需要进行不同数学分析的图像可以选择合适的颜色模型，会方便很多。

2.1.2　模糊侦察图像清晰化方法基础

1. 维纳滤波

维纳滤波是由美国数学家 Wiener 在 1942 年提出的，又称为最小均方误差滤波。它将图像和噪声看作两个随机变量，找到一个使原始图像 f 与复原图像 $\hat{f}$ 均方误差最小化的函数：

$$e^2=E[(f-\hat{f})^2] \tag{2-6}$$

在推导维纳滤波器公式的过程中有以下几点假设：噪声与图像内容是不相关的；复原图像的灰度级可以用规划推向灰度级的线性函数来估计；噪声与图像的均值为零，一般假设噪声均值为零，如常见的零均值高斯白噪声。

由上述条件可以得到维纳滤波器 $W(u,v)$ 的传递函数为：

$$W(u,v)=\frac{H^*(u,v)}{|H(u,v)|^2+S_\eta(u,v)/S_f(u,v)} \tag{2-7}$$

复原图像的频率域复原公式为：

$$\begin{aligned}\hat{F}(u,v)&=\left[\frac{H^*(u,v)S_f(u,v)}{S_f(u,v)|H(u,v)|^2+S_\eta(u,v)}\right]G(u,v)\\&=\left[\frac{H^*(u,v)}{|H(u,v)|^2+S_\eta(u,v)/S_f(u,v)}\right]G(u,v)\\&=\left[\frac{1}{H(u,v)}\frac{|H(u,v)|^2}{|H(u,v)|^2+S_\eta(u,v)/S_f(u,v)}\right]G(u,v)\end{aligned} \tag{2-8}$$

其中，$H(u,v)$ 为频率域的退化函数；$|H(u,v)|^2=H^*(u,v)\cdot H(u,v)$ 为退化函数的模值；$S_\eta(u,v)=|N(u,v)|^2$ 为噪声功率；$S_f(u,v)=|F(u,v)|^2$ 为退化前图像功率。从式(2-8)可以看出，当噪声的幅值趋近于零时，即 $S_\eta(u,v)/S_f(u,v)\to 0$ 时，维纳滤波器退化为逆滤波器。维纳滤波器需要已知退化前图像和噪声的功率谱，对不同的噪声需要调节参数，且只是在平均意义上最优。

2. 约束最小二乘滤波

约束最小二乘滤波(Constrained Least Squares Filter)在退化模型的约束条件下，寻找一个达到一定平滑准则最优值的解。这一基本思想与当前许多基于偏微分方程的高级复原算法的出发点是一致的，只是其中所用的平滑准则不同，求解方法也有所不同。约束最小二乘滤波在如下约束条件下寻求最小光滑度准则函数值：

$$\| g-H\hat{f} \|^{2}=\| \eta \|^{2} \tag{2-9}$$

常用的光滑度准则函数为拉普拉斯函数值：

$$C=\sum_{x=1}^{M}\sum_{y=1}^{M}[\nabla^{2}f(x,y)] \tag{2-10}$$

在上述条件下可得到如下的频率域约束最小二乘滤波公式：

$$\hat{F}(u,v)=\left[\frac{H^{*}(u,v)}{|H(u,v)|^{2}+\gamma |P(u,v)|^{2}}\right]G(u,v) \tag{2-11}$$

其中，H^{*} 表示 H 的共轭；γ 为一个随机噪声和复原误差调节的参数；$P(u,v)$ 为以下拉普拉斯算子的傅里叶变换：

$$\boldsymbol{p}(x,y)=\begin{bmatrix} 0 & -1 & 0 \\ -1 & 4 & -1 \\ 0 & -1 & 0 \end{bmatrix} \tag{2-12}$$

约束最小二乘复原效果要优于逆滤波器，噪声水平低于维纳滤波器，但会出现一定的振铃效应。

3. Lucy - Richardson

Lucy - Richardson 算法是在 20 世纪 70 年代由 Lucy 和 Richardson 等人提出来的，这个算法在假设像素之间相互独立的基础上，运用 Poisson 噪声模型，其似然函数为：

$$p(B|I)=\prod_{i,j}\frac{(I\otimes \boldsymbol{H})(i,j)^{B(i,j)}\exp\{-(I\otimes \boldsymbol{H})(i,j)\}}{B(i,j)!} \tag{2-13}$$

其中，$B(i,j)=Poisson[(I\otimes \boldsymbol{H})(i,j)]$，所有像素都应该满足泊松分布，将上式取对数并求导，利用最大似然法推导，令其导数为 0，如下式：

$$\partial \log p(B|I)/\partial I=0 \tag{2-14}$$

把式(2 - 9)代入式(2 - 10)，得：

$$\frac{\partial}{\partial I}\sum\left[B\log(I\otimes \boldsymbol{H})-\sum(I\otimes \boldsymbol{H})-\log(B)\right]=0 \tag{2-15}$$

将上式两边同时乘以 I，得：

$$I=\left[\frac{B}{(I\otimes \boldsymbol{H})}\otimes \boldsymbol{H}^{\mathrm{T}}\right]\cdot I \tag{2-16}$$

最终 Lucy－Richardson 公式为：

$$I^{n+1}=I^{n} * \left[\boldsymbol{H}^{*}\left(\frac{B}{I^{n}\otimes \boldsymbol{H}}\right)\right] \tag{2-17}$$

其中，$\boldsymbol{H}^{*}$ 为 $\boldsymbol{H}$ 的伴随矩阵，I^{n} 和 I^{n+1} 分布是第 n 次和第 $n+1$ 次复原图像的估计值。

4. 均值滤波

均值滤波器是对逆滤波器和维纳滤波器的进一步推广，几何均值滤波的滤波公式在频率域定义为：

$$\hat{F}(u,v)=\left[\frac{\boldsymbol{H}^{*}(u,v)}{|\boldsymbol{H}(u,v)|^{2}}\right]^{\alpha}\left\{\frac{\boldsymbol{H}^{*}(u,v)}{|\boldsymbol{H}(u,v)|^{2}+\beta\left[\frac{S_{\eta}(u,v)}{S_{f}(u,v)}\right]}\right\}^{1-\alpha} G(u,v) \tag{2-18}$$

其中，$0\leqslant\alpha\leqslant 1,\beta\geqslant 0$。

当 $\alpha=1$ 时，几何均值滤波器退化为逆滤波器；当 $\alpha=0$ 时，几何均值滤波器与维纳滤波器相似，只是增加了一个参数 β，因此也称为参数化的维纳滤波器。几何均值滤波比维纳滤波对噪声的抑制更强，但也会出现一定的振铃效应。

5. 确定性正则化

利用正则化的方法根据解的一些先验信息将图像复原问题的不适定性转化为适定性问题，如用最小二乘法来最小化 Lagrange 方程：

$$\sum_{k=1}^{p}\|\boldsymbol{y}_{k}-\boldsymbol{W}_{k}\boldsymbol{z}\|^{2}+\alpha\|\boldsymbol{C}\boldsymbol{z}\|^{2} \tag{2-19}$$

其中，α 为正则化参数，如果图像噪声小、像素数目大，当 α 取值小时，将会得到较优的解；当图像像素数目很小时，α 取值越大解越平滑。$\boldsymbol{C}$ 为高通滤波器，$\|\cdot\|$ 表示 2－范数。生活中大部分图像的高频能量都是有限的，都是自然平滑的，因此可以用平滑约束来表示解的先验知识，等同于最小化复原图像中的高通能量。通过代价函数式(2－19)最小化 Lagrange 方程就可以得到复原图像 $\hat{\boldsymbol{z}}$，$\hat{\boldsymbol{z}}$ 是确定唯一的，用确定性正则化方法求解下式：

$$\left(\sum_{k=1}^{p}\boldsymbol{W}_{k}^{\mathrm{T}}\boldsymbol{W}_{k}+\alpha\boldsymbol{C}^{\mathrm{T}}\boldsymbol{C}\right)\hat{\boldsymbol{z}}=\sum_{k=1}^{p}\boldsymbol{W}_{k}^{\mathrm{T}}y_{k} \tag{2-20}$$

$\hat{z}$ 的迭代解为：

$$\hat{\boldsymbol{z}}^{n+1}=\hat{\boldsymbol{z}}^{n}+\beta\Big[\sum_{k=1}^{p}\boldsymbol{W}_{k}^{\mathrm{T}}(\boldsymbol{y}_{k}-\boldsymbol{W}_{k}\hat{\boldsymbol{z}}^{n})-\alpha\boldsymbol{C}^{\mathrm{T}}\boldsymbol{C}\hat{\boldsymbol{z}}^{n}\Big] \tag{2-21}$$

其中，β 为收敛因子，$\boldsymbol{W}_{k}^{T}$ 包含上采样算子、模糊算子和变形算子。

2.1.3　低分辨率侦察图像清晰化方法基础

1. 双三次插值法

双三次插值法(Bicubic Interpolation)是一种经典且常用的方法。该方法比双线性插值法更加复杂，但此方法注重图像边缘检测，重建后的图像边缘也更加平滑。该方法基本原理为利用 Bicubic 基函数计算原图像某个像素点最近的 16 个像素点参数进行加权计算，如图 2-2 所示。以 G_{00} 点为例，P 到它的纵向距离为 u，横向距离为 v，则 G_{00} 点的像素的权重为 $W(u)W(v)$，以此类推获得 16 个整数位置像素的权重。

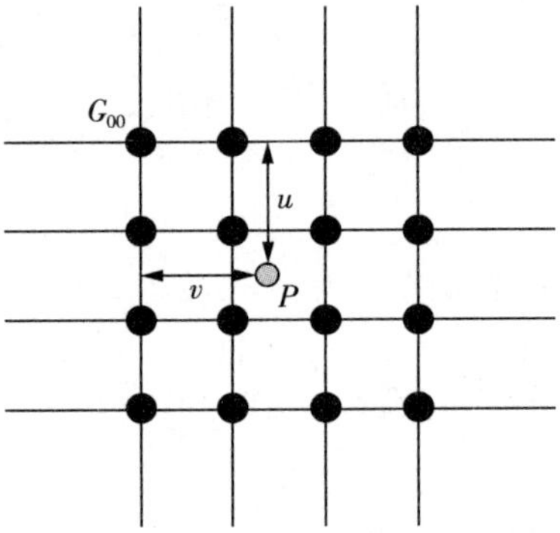

图 2-2　双三次插值算法示意图

Bicubic 方法的公式为：

$$f(P)=\sum_{i=0}^{3}\sum_{j=0}^{3}f(G_{ij})\cdot W(u_{ij})W(v_{ij}) \tag{2-22}$$

其中，W 表示 Bicubic 函数：

$$W(x)=\begin{cases}(a+2)|x|^{3}-(a+3)|x|^{2}+1, |x|\leqslant 1\\ a|x|^{3}-5a|x|^{2}+8a|x|-4a, 1<x<2\\ 0,其他\end{cases} \tag{2-23}$$

2. 局部稀疏表示算法

Yang 等人首先提出了一种基于稀疏信号表示的图像超分重建算法。该算法将图像按一定大小分解，可以很好地表示原子的稀疏线性组合，从而可以选取一个合适的过完备字典。该算法的核心思想就是采取在输入的低质量图像中，将图像按一定比例分割成同等大小的图像块，然后将划分好的图像块进行稀疏表示，通过求解得到系数，形成高质量输出。这种稀疏的方法无须从图像中进行大量采样，因而提高了计算效率，其方法流程如图 2-3 所示。

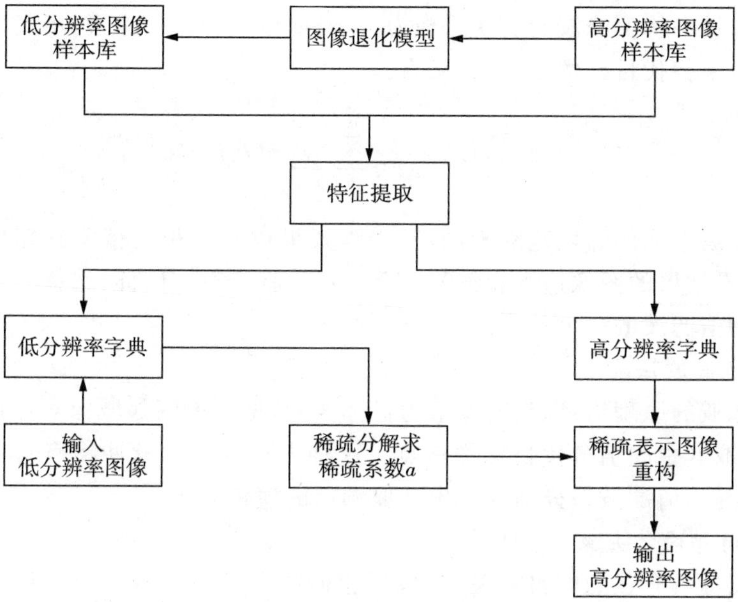

图 2-3　基于稀疏表示的图像超分重建算法流程图

3. 正交匹配追踪算法

Zeyde 等人在稀疏表示的基础上，通过采用正交匹配追踪算法进行降维和稀疏编码对其进行改进，使重建速度提高。相同地，图像块上的局部稀疏模型通过正则化来解决扩展问题。模型假设所有图像块都可以通过训练字典中某些原子以一定的线性组合的方式来表达，即每个图像块都可以当成由字典乘以一个稀疏向量(大部分为零元素)得到。

该算法的核心是选取部分图像作为样本子集，对样本子集进行学习以获得超完备字典，然后利用所获得的超完备字典和每个图像块中相应关系求出稀疏表示矩阵系数，最后重建获取图像。算法流程如下：

(1)输入：通过学习训练得到的 HR 字典 $D_h D_l$ 以及 LR 图像 Y；

(2)对 LR 图像执行分块处理，其大小设置为 3×3，并且每个图像块表示为 $\boldsymbol{y}_i$；

(3)每个图像块 $\boldsymbol{y}_i$ 可以被视为一个矩阵，计算每个矩阵 $\boldsymbol{y}_i$ 的数值；

(4)求出最优解 a^*；

(5)根据公式 $x=D_h a^*$,通过重建的方式得到 HR 图像 X_0;

(6)对于得到的图像 X_0,采用梯度下降的方式求出最终输出图像 X;

(7)输出:HR 图像 X。

2.1.4 含噪侦察图像清晰化方法基础

1. 均值滤波

图像去噪中均值滤波的实现原理为:以当前像素为目标像素,用其周围邻域像素点的均值来替代目标像素点,定义为:

$$x(i,j)=\frac{1}{MN}\sum_{i=1}^{M}\sum_{j=1}^{N}y(i,j) \tag{2-24}$$

均值滤波选取的邻域范围不同,其去噪效果也会有很大偏差。邻域的范围尺寸越大,去噪结果的图像边缘和细节也会变得失真严重。因此,选择合适的领域尺寸模板是均值滤波的一个关键因素。

2. 中值滤波法

中值滤波的原理为:以当前像素为目标像素,将其周围邻域像素点按照一定的顺序排列,取其中间值替代目标像素点。这种去噪方式对脉冲噪声有很好的去噪效果,同理与均值滤波一样需要考虑选取领域的模板大小。

3. 非局部均匀去噪

自然图像具有强烈的自相关性,包括相似的图像块结构。对于任意的自然图像,都可以通过某种相似算法来找到相似块集合。事实上,通过图像的自相关性可以补偿图像中的缺失,因此可以用图像的这一性质来恢复图像,实现图像去噪。Buades 等人提出了经典的 NLM 去噪算法,就是根据图像的自相关性,集中处理相似块,对这些相似块进行加权平均。这种去噪方式打破了以往只在局部领域进行约束的条件,将相似块的选取扩展到整个领域。这个处理方式使得 NLM 成为空域去噪的主流去噪方法。

$$x_i=\sum_{j=1}^{MN}w_{ij}y_j \tag{2-25}$$

$$w_{ij}=\frac{1}{z_i}\exp\frac{-\|\boldsymbol{y}c_i-\boldsymbol{y}c_j\|_2^2}{h^2} \tag{2-26}$$

其中,$\boldsymbol{y}$ 表示图像块的向量形式;y_j 表示向量的第 j 个像素;c_i 表示以 i 为中心的图像块的索引集合。通过欧式距离计算 i、j 两点的相似性,用权重 w_{ij} 来表示,z_i 定义为归一化常量,即

$$z_i = \sum_{j=1}^{MN} \exp \frac{-\| \boldsymbol{y}c_i - \boldsymbol{y}c_j \|_2^2}{h^2} \tag{2-27}$$

4. 频域维纳滤波

频域维纳滤波在信号处理中，利用图像信号与噪声的统计特性，根据最小平均误差准则设计匹配滤波器 $h(n)$，并对图像信号进行最佳估计，定义如下：

$$x(n) = h(n) \times y(n) = \sum_i h(i) y(n-i) \tag{2-28}$$

其中，$x(n)$ 为待恢复的图像信号；$y(n)$ 表示被加性噪声污染的含噪图像，即观察图像。估计的均方误差可以表示为：

$$\varepsilon(n) = E[e^2(n)] = E\{[x(n) - \bar{x}(n)]^2\} \tag{2-29}$$

维纳滤波器 $h_{\mathrm{w}}(n)$ 可以表示为：

$$h_{\mathrm{w}}(n) = \min_{h(n)} [\varepsilon(n)] \tag{2-30}$$

对应频域就可以表示为：

$$H_{\mathrm{w}}(\Omega) = \frac{P_s(\Omega)}{P_s(\Omega) + P_v(\Omega)} \tag{2-31}$$

其中，$P_s(\Omega)$ 和 $P_v(\Omega)$ 分别表示图像信号功率谱和噪声功率谱；$x(n)$ 服从高斯分布。

5. 小波阈值去噪

小波变换可以将图像变换到小波域进行去噪，而通过小波阈值的方式运用的范围最广，也是小波去噪的主流形式。噪声图像信号首先通过小波变换，分解得到小波系数，保留图像信号产生的小波系数，去掉由噪声引起的小波系数。而后，通过小波逆变换还原图像。

小波变换域去噪，一般将小波系数大的对应有用的图像信号能量，而幅值较小的对应噪声信息。因此，小波阈值去噪的关键在于对阈值和小波阈值函数的选取。目前，主流的阈值选取方法有统一阈值、贝叶斯阈值、SURE 阈值等。小波阈值函数主要有硬阈值和软阈值，一般采用软阈值的方式来缓解硬阈值函数造成的伪吉布斯现象。

2.1.5　雨天侦察图像清晰化方法基础

1. 基于硬件的去雨技术

Garg 和 Nayar 通过实验发现，相机的成像参数(主要是指曝光时间、光圈级数以及景深）直接影响雨滴在视频中的可见性 σ（即强度变化方差）。一般来说，相机的曝光时间越长，雨滴的可见性越小；光圈级数越大，雨滴的可见性越大。但是景深对雨滴的可见性影响相对较为复杂。由此可见，通过延长曝光时间、减小光圈级数并设置合适的成像焦距，可大大降低雨滴的可见性，实现雨天视频清晰化。但是这种方法在大雨或暴雨条件下以及当背景中有快速运动的物体时去雨效果不佳，并且成像参数的设定依赖于操作者的经验，因此应用范围受到限制。

2. 基于时域的去雨技术

户外条件下获取的雨天视频中除了降落的雨滴，往往还含有其他运动物体，在时空上也会对像素强度值产生影响。为了区别雨滴与其他运动物体，Garg 和 Nayar 提出了基于雨滴光度学模型（Photometric Model）和动力学模型（Dynamic Model）的去雨方法。假设相机符合线性辐射模型，相机的曝光时间为 T，雨滴通过位于(x,y)处的某个像素的时间为 τ，则该像素位置的光强 I_d 可以表示为背景辐射度 E_b 和雨滴辐射度 E_r 的线性叠加：

$$I_d(x,y)=\int_0^{\tau}E_r(x,y,t)\mathrm{d}t+\int_0^{T}E_b(x,y,t)\mathrm{d}t \tag{2-32}$$

假如背景是缓慢变化的，即 $E_b(x,y,t)=E_b(x,y)$，那么可近似认为 E_b 在曝光时间 T 内是常数，从而有：

$$I_d(x,y)\approx\tau\mu[E_r(x,y)]+(T-\tau)E_b \tag{2-33}$$

其中，$\mu(E_r)$ 是雨滴的平均辐照度，即

$$\mu[E_r(x,y)]=\frac{1}{\tau}\int_0^{\tau}E_r(x,y,t)\mathrm{d}t \tag{2-34}$$

对于无雨背景像素 $I_b=E_bT$，由于雨滴经过背景像素时其强度值会增大，亦即 $\mu(E_r)>E_b$，因此当雨滴经过某一背景像素(x,y)时其强度改变量 ΔI 为：

$$\Delta I(x,y)=I_d(x,y)-I_b(x,y)=-\beta I_b(x,y)+C \tag{2-35}$$

其中，$C=\tau E_r$；$\beta=\tau/T$。

由于上述模型需要假设在相邻两帧图像中不会出现连续被两滴雨覆盖，所以在大雨和暴雨的情况下，该方法的检测结果不理想，并且动力学模型的计算需要用到多帧连续图像，实时性较差。有研究者提出了基于雨滴形状特征的去雨方法，在实时性方面有了很大提高，但是存在误判的情况。

Liu 等将人眼视觉特性与雨滴的颜色特性相结合，建立了基于颜色特性的雨滴检测模型。由于自然光线是由不同频率的光混合而成的，式(2-32)和式(2-33)所表示的雨滴光度学模型在基于任意颜色分量的通道内仍然成立，因此用矢量表示即可得到：

$$\boldsymbol{I}_d(x,y)=\beta\boldsymbol{I}_E(x,y)+(1-\beta)\boldsymbol{I}_{\mathrm{b}}(x,y) \tag{2-36}$$

其中，$\boldsymbol{I}_E(x,y)$表示在曝光时间 T 内假设雨滴一直覆盖在位置(x,y)所形成的等效理想亮度值。对于 RGB 颜色空间来说，式(2-36)用其在 R、G、B 三个颜色通道的分量表示可以得到：

$$\begin{cases}\boldsymbol{I}_d(x,y)=[R_d(x,y),G_d(x,y),B_d(x,y)]^{\mathrm{T}}\\ \boldsymbol{I}_{\mathrm{b}}(x,y)=[R_{\mathrm{b}}(x,y),G_{\mathrm{b}}(x,y),B_{\mathrm{b}}(x,y)]^{\mathrm{T}}\\ \boldsymbol{I}_E(x,y)=[R_E(x,y),G_E(x,y),B_E(x,y)]^{\mathrm{T}}\end{cases} \tag{2-37}$$

由于自然光线下雨滴的作用等同于白色遮挡物，所以 $\boldsymbol{I}_E(x,y)$可近似认为在 R、G、B 三个通道分量相同。鉴于 HSV 颜色空间要比 RGB 空间更符合人类的视觉特性，刘鹏等改进了基于颜色特性的雨滴检测模型，指出受雨影响像素与背景像素具有相同的色相值，进而以 HSV 颜色空间的定量分析为基础，提出了可区分雨滴区域与运动物体区域的度量函数：

$$\begin{aligned}F(x,y)=&\frac{1}{2}[\,|H_d(x,y)-H_{\mathrm{b}}(x,y)|+|S_d(x,y)-S_{\mathrm{b}}(x,y)|\,]\\ &\times\|I_d(x,y)-I_{\mathrm{b}}(x,y)\|\end{aligned} \tag{2-38}$$

有研究将雨滴的时空特性与颜色特性相结合，有效提高了视频图像去雨方法的普适性。

图像中一个像素点不可能在视频序列中所有时段都被雨滴覆盖，所以相机捕捉静态场景下视频中的像素直方图展现了两个峰值，即背景像素和雨像素，那么对像素强度统计结果进行 K-均值聚类，初始聚类中心(背景类中心 ω_b 和雨滴类中心 ω_r)分别选取直方图中亮度最小和最大值。单个像素 p 的亮度 I 与聚类中心 ω 之间的距离为：

$$d(I_p,\omega)=|I_p-\omega| \tag{2-39}$$

其中，当 $d(I_p,\omega_r)<d(I_p,\omega_b)$时，像素 p 指定给雨像素簇；反之，像素 p 指定给背

景簇。此后，每进行一次划分添加一个像素，中心簇被更新为：

$$\omega(t+1)=\frac{1}{|C(t)|}\sum_{I_p \in C(t)} I_p \tag{2-40}$$

此外由于雨滴的作用，受雨影响像素的 R、G、B 三种颜色分量的强度变化可以近似为一致的。也有作者提出采用模糊 C 均值聚类来代替 K -均值聚类。

3. 基于频域的去雨技术

Barnum 等提出了基于频域空间分析的视频去雨方法。

建立时域模糊高斯模型，利用此模型近似模拟一滴雨成像后的视觉效果：

$$g(x,y;D,z,\theta,\mu)=\int_0^{l(D,z)}\exp\left[-\frac{(x-\gamma\cos\theta-\mu_x)^2+(y-\gamma\sin\theta-\mu_y)^2}{b\,(D,z)^2}\right]\mathrm{d}\gamma \tag{2-41}$$

同时给定位置(x,y)受雨影响像素的强度值应该由 K 个雨滴组成的雨线来表示：

$$\sum_{i=1}^{K} g(x,y;D_i,z_i,\theta_i,\mu_i) \tag{2-42}$$

将此模型通过傅里叶变换到频域，得到雨滴的频域模型：

$$\sum_{i=1}^{K} \| g(u,v;D_i,z_i,\theta_i,\mu_i) \| \tag{2-43}$$

结合统计学特性，用雨滴的频域模型生成雨场的频域模型，将产生的频域模型逼近真实雨场的频域图像：

$$R^*(u,v;\Lambda,\theta_{\max},\theta_{\min})=\Lambda\int_{\theta_{\min}}^{\theta_{\max}}\int_{D_{\min}}^{D_{\max}}\int_{Z_{\min}}^{Z_{\max}} z^2 \| g(u,v;D,z,\theta) \| \,\mathrm{d}z\mathrm{d}D\mathrm{d}\theta \tag{2-44}$$

利用建立的雨场频域模型对图像进行雨线检测和去除。

也可以对差分图像计算相位一致性特征，便可以找到候选的含雨像素：

$$PC(x)=\frac{\sum_o \sqrt{\left(\sum_n I(x)\otimes M_{no}^e\right)^2+\left(\sum_n I(x)\otimes M_{no}^o\right)^2}}{\varepsilon+\sum_o\sum_n\sqrt{(I(x)\otimes M_{no}^e)^2+(I(x)\otimes M_{no}^o)^2}} \tag{2-45}$$

此外，研究表明利用小波变换也达到了较好的去雨效果。

4. 基于稀疏的去雨技术

根据雨滴的空间分布特性及光学特性可知，雨滴对图像的影响可以看成一种加性噪声，从而将视频图像去雨问题转化为降噪问题。因此在稀疏域研究提出的稀疏编码、矩阵低秩分解等方法可以用于实现雨天图像的清晰化处理。本章参考文献[22]基于形态学分量分析（Morphological Component Analysis，MCA）方法，提出了基于稀疏分解的图像去雨方法。步骤如下：

采用双边滤波器将有雨图像 I 分解为低频子图 I_{LF} 和高频子图 I_{HF}，使得 $I=I_{\mathrm{LF}}+I_{\mathrm{HF}}$；

从高频子图 I_{HF} 中抽取一系列相互重叠的图像子块 $y_k\in\boldsymbol{R}_n$，$k=1,2,\cdots,P$，然后采用在线字典学习算法进行稀疏编码，得到字典 D_{HF}：

$$\min_{D_{\mathrm{HF}}\in\boldsymbol{R}^{n\times m},\theta^k\in\mathbf{R}^m}\frac{1}{P}\sum_{k=1}^{P}\left(\frac{1}{2}\|y^k-D_{\mathrm{HF}}\theta_{\mathrm{HF}}^k\|_2^2+\lambda\|\theta^k\|_1\right)\tag{2-46}$$

统计 D_{HF} 中所有原子的方向梯度直方图（Histogram of Oriented Gradient，HOG）特征，然后利用 K-均值聚类分析将其分割为两个子字典。

由于雨线的方向在图像中基本一致，因此通过计算并比较平均梯度方差，就可以将两个子字典确定为有雨字典 $D_{\mathrm{HF\text{-}R}}$ 和几何字典 $D_{\mathrm{HF\text{-}G}}$，采用正交匹配追踪（Orthogonal Matching Pursuit，OMP）进行形态学分量分析，得到各自对应的稀疏系数：

$$\tilde{\theta}_{\mathrm{HF}}^k=\underset{\theta_{\mathrm{HF}}^k\in\boldsymbol{R}^m}{\mathrm{argmin}}\left(\frac{1}{2}\|b_{\mathrm{HF}}^k-D_{\mathrm{HF}}\theta_{\mathrm{HF}}^k\|_2^2+\lambda\|\theta_{\mathrm{HF}}^k\|_1\right)\tag{2-47}$$

把几何子字典 $D_{\mathrm{HF\text{-}G}}$ 对应的稀疏系数置零得到 $\tilde{\theta}_{\mathrm{HF\text{-}R}}^k$，把有雨字典 $D_{\mathrm{HF\text{-}R}}$ 对应的稀疏系数置零得到 $\tilde{\theta}_{\mathrm{HF\text{-}G}}^k$。因此对于图像中的每一个子块 b_{HF}^k，利用新的字典可表达为 $\tilde{b}_{\mathrm{HF\text{-}G}}^k=D_{\mathrm{HF\text{-}G}}\times\theta_{\mathrm{HF\text{-}G}}^k$ 或 $\tilde{b}_{\mathrm{HF\text{-}R}}^k=D_{\mathrm{HF\text{-}R}}\times\theta_{\mathrm{HF\text{-}R}}^k$，从而复原高频子图 I_{HF} 的几何分量 I_{HF}^G 或含雨分量 I_{HF}^R；通过 $I^{\mathrm{Non\_Rain}}=I_{\mathrm{LF}}+I_{\mathrm{HF}}^G$ 得到去雨结果。

由于雨线通常表现为图像场景中相似和重复的模式，为了检测时-空相互关联的雨线，Chen 提出一种从矩阵到张量结构的低秩表观模型：

$$\tilde{I}_{\mathrm{r}},\tilde{I}_{\mathrm{b}}=\arg\min k_1\mathrm{rank}[P(I_{\mathrm{r}})]+k_2\|I_{\mathrm{b}}\|_{TV}+\frac{1}{2}\|I_d-I_{\mathrm{r}}-I_{\mathrm{b}}\|_F^2\tag{2-48}$$

雨天图像的处理也经历了从模型驱动到数据驱动的发展过程，受篇幅所限，读者可参考更多的基础介绍资料。

2.2 图像质量评价方法基础

本节对清晰化效果评估所使用的图像质量评价方法进行概要介绍，图像质量评价(IQA)技术是图像处理领域的一个小众方向，但二十多年来逐渐受到学者们的重视和关注，其发展遵循了从简单图像到复杂视频、从单一失真到复合多失真、从全参考到自动盲评价、从模型设计到端到端数据驱动的发展规律，下面结合图像质量评价分类进行分别介绍。

2.2.1 全参考图像质量评价方法基础

1. 传统方法

传统的全参考(Full - Reference，FR)图像质量评价方法是通过计算失真图像与参考图像(原始清晰图像)像素点之间的纯数学误差衡量图像的失真程度。如均方误差(Mean Squared Error，MSE)和峰值信噪比(PSNR)，由于其意义简明、计算简单，一度受到了人们的青睐。

设 $f'(i,j)$ 和 $f(i,j)$ 分别表示的是失真图像和参考图像，M 和 N 分别表示图像的长与宽，则参考图像和失真图像间的均方误差定义为：

$$MSE=\frac{1}{M\times N}\sum_{i=1}^{M}\sum_{j=1}^{N}\left[f(i,j)-f'(i,j)\right]^2 \tag{2-49}$$

峰值信噪比可定义为：

$$PSNR=10\lg\frac{L^2}{MSE} \tag{2-50}$$

其中，L 为图像像素的灰度级，可取值为 2^n-1，n 为一个像素的所用的二进制位数。

均方误差和峰值信噪比是普遍、广泛使用的客观图像质量评价方法，优点是计算简单。不过许多实验结果表明，峰值信噪比的分数无法和人眼看到的视觉品质完全一致，仅反映出待测图像对于其参考图像的失真程度，存在峰值信噪比较高者看起来反而比峰值信噪比较低者差的情况。这是因为均方误差和峰值信噪比单纯地计算图像之间灰度值的差异，并没有考虑像素之间的结构关系。它们将图像的所有像素点对人眼提供的信息都同等对待，而事实上人眼在观察图像的时候存在感兴趣区域，它们的计算结果不能与图像的视觉效果保持一致。

2. 基于图像结构相似度方法

(1)SSIM

2004 年，Zhou 提出了一种基于结构相似度(Structural Similarity，SSIM) 的全

参考图像质量评价方法。他认为 HVS 关注于图像中的结构信息，并对视场内信号结构的改变具有较高的自适应性。SSIM 方法的输入就是两张场景相同的图像，其中一张是失真图像，另一张是参考图像。设输入的两张图像分别是 x 和 y，则可定义为：

$$SSIM(x,y)=[l(x,y)]^{\alpha}[c(x,y)]^{\beta}[s(x,y)]^{\gamma} \tag{2-51}$$

其中，$\alpha>0,\beta>0,\gamma>0$。在上述公式中：

$$\begin{cases} l(x,y)=\dfrac{2\mu_x\mu_y+c_1}{\mu_x^2+\mu_y^2+c_1} \\ c(x,y)=\dfrac{2\sigma_{xy}+c_2}{\sigma_x^2+\sigma_y^2+c_2} \\ s(x,y)=\dfrac{\sigma_{xy}+c_3}{\sigma_x\sigma_y+c_3} \end{cases} \tag{2-52}$$

其中，$l(x,y)$ 为亮度对比；$c(x,y)$ 为对比度对比；$s(x,y)$ 为结构对比；μ_x 为图像 x 的均值，反映了图像亮度信息；σ_x 为图像 x 方差，反映图像的对比度信息；σ_{xy} 为图像 x、y 的相关系数。c_1、c_2、c_3 为很小的正数，是为了避免分母为零造成错误。在实际计算中，可令 $\alpha=\beta=\gamma=1$，$c_3=c_2/2$，此时式(2-51)可简化为：

$$SSIM(x,y)=\frac{(2\mu_x\mu_y+c_1)(\sigma_{xy}+c_2)}{(\mu_x^2+\mu_y^2+c_1)(\sigma_x^2+\sigma_y^2+c_2)} \tag{2-53}$$

$SSIM$ 满足如下特性：

(1) 对称性，$SSIM(x,y)=SSIM(y,x)$；

(2) 有界性，$SSIM(x,y)\leqslant 1$；

(3) 唯一最大值，只有当两幅图像完全相同，即 $x=y$ 时，$SSIM=1$，否则 $SSIM$ 介于 0 和 1 之间。

SSIM 方法的模型框图如图 2-4 所示。

SSIM 方法使用 11×11 的高斯加权窗口在参考图像和失真图像中逐像素移动，每次都在 11×11 的局部窗口中计算以该像素点为中心的领域图像块的三个参数 μ_x，σ_x，σ_{xy}：

$$\begin{cases} \mu_x=\displaystyle\sum_{i=1}^{N} w_i x_i \\ \sigma_x=\left[\displaystyle\sum_{i=1}^{N} w_i (x_i-\mu_x)^2\right]^{1/2} \\ \mu_{xy}=\displaystyle\sum_{i=1}^{N} w_i (x_i-\mu_x)(y_i-\mu_y) \end{cases} \tag{2-54}$$

则由式(2-53)可计算出各点对应图像块的得到 SSIM map，最后综合所有图像块对图像进行总体评价，采用高斯加权窗是为了避免出现分块效应。最后用平均结构相似度(Mean Structural Similarity，MSSIM)作为整体图像质量的评价测度：

$$MSSIM=\frac{1}{M}\sum_{j=1}^{M}SSIM(x_j,y_j) \tag{2-55}$$

其中，M 为 SSIM map 中点的个数。

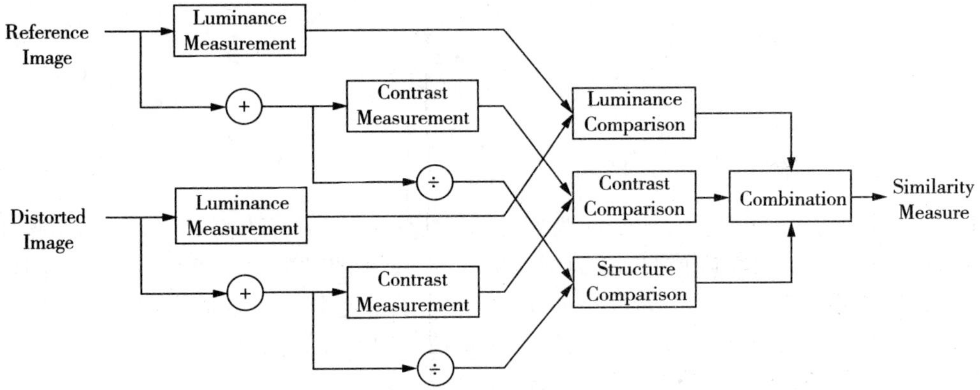

图 2-4　SSIM 方法模型流程图

由于考虑了人眼对于图像纹理的视觉效果，相比于 MSE 和 PSNR 来说，SSIM 方法具有较好的相关性，计算也比较简洁，得到了广泛应用。但是 SSIM 方法是基于一个假设而建立起来的方法，即 HVS 的主要功能是提取场景中的结构信息。实际情况中，人眼的视觉信息是涉及方方面面的，包括生理和心理，所以该方法离理想的结果还有一定距离。

(2)MS-SSIM

SSIM 方法的提出为全参考图像质量评价奠定了良好基础，人们开始根据 SSIM 框架进行一系列的改进。如 Wang 等人提出的多尺度结构相似性(Multiple-scale SSIM，MS-SSIM)。MS-SSIM 把参考图像看成尺度 1，最高尺度为 M，通过 $M-1$ 次迭代，每次通过对上一次迭代的结果进行低通滤波和下采样得到的。对于第 j 个尺度，在式(2-52)中用于对比度和结构的比较 $c(x,y)$ 和 $s(x,y)$ 记为 $c_j(x,y)$ 和 $s_j(x,y)$，亮度信息只对尺度 M 进行计算，记为 $l_M(x,y)$，综合多个尺度得到：

$$MS-SSIM=[l_M(x,y)]^{\alpha_M}\prod_{j=1}^{M}[c_j(x,y)]^{\beta_j}[s_j(x,y)]^{\gamma_j} \tag{2-56}$$

MS-SSIM 方法能够准确评价跨越多个尺度的模糊，能够更好地与人类的感知保持一致，评价效果要好于单尺度的 SSIM。

(3)IW－SSIM

Wang 等考虑了信息量与最优感知全值之间的关系，提出了信息加权的结构相似性(Information Weighting for SSIM，IW－SSIM) 模型。该模型假设对于加权最优感知权值与局部信息内容成比例，采用高斯尺度混合(Gaussian Scale Mixture，GSM) 模型模拟自然图像多分辨率系数分布统计特性，估算局部信息量用于最终图像差异的加权综合。IW－SSIM 信息内容计算流程图如图 2－5 所示。

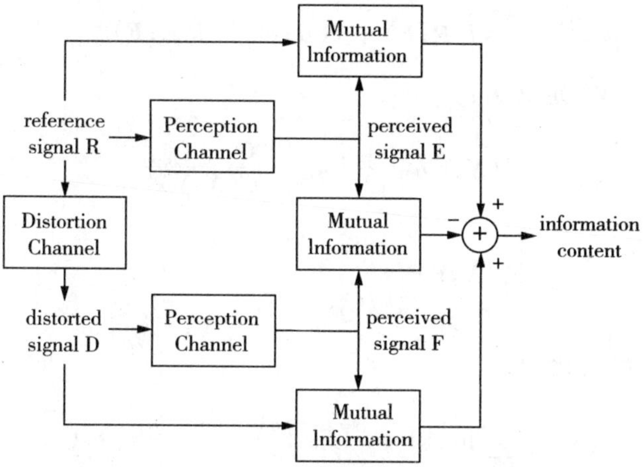

图 2－5　IW－SSIM 信息内容计算流程图

令 $\boldsymbol{R}$ 为长度为 K 的一组领域变换系数的列向量并用于 GSM 建模，可表示为两个独立量的乘积：

$$\boldsymbol{R}=s\boldsymbol{U} \tag{2-57}$$

其中，$\boldsymbol{U}$ 为标准高斯分布向量；s 为混合乘子。由于图像中的信息量和人眼感知的信息量存在差异，因此根据视觉感知通道中的交互信息，提出了计算感知信息量的模型，参考信号 $\boldsymbol{R}$ 通过失真通道得到失真信号 $\boldsymbol{D}$：

$$\boldsymbol{D}=g\boldsymbol{R}+\boldsymbol{V}=gs\boldsymbol{U}+\boldsymbol{V} \tag{2-58}$$

其中，g 为模型的增益系数；$\boldsymbol{V}$ 为高斯噪声，其协方差为 $\boldsymbol{D}_V=\sigma_V^2\boldsymbol{I}$($\boldsymbol{I}$ 为单位矩阵)。其次，参考信号和失真信号通过视觉感知噪声通道：

$$\boldsymbol{E}=\boldsymbol{R}+\boldsymbol{N}_1=s\boldsymbol{U}+\boldsymbol{N}_1 \tag{2-59}$$

$$\boldsymbol{F}=\boldsymbol{D}+\boldsymbol{N}_2=gs\boldsymbol{U}+\boldsymbol{V}+\boldsymbol{N}_2 \tag{2-60}$$

其中，定义 N_1 和 N_2 为独立的高斯白噪声，协方差为 $\boldsymbol{C}_{N_1}=\boldsymbol{C}_{N_2}=\sigma_N^2\boldsymbol{I}$，此时可计算

$\boldsymbol{D}$、$\boldsymbol{E}$、$\boldsymbol{F}$ 的协方差：

$$\begin{cases} \boldsymbol{C}_D = g^2 s^2 \boldsymbol{C}_U + \sigma_V^2 \boldsymbol{I} \\ \boldsymbol{C}_E = s^2 \boldsymbol{C}_U + \sigma_V^2 \boldsymbol{I} \\ \boldsymbol{C}_F = g^2 s^2 \boldsymbol{C}_U + \sigma_V^2 \boldsymbol{I} + \sigma_N^2 \boldsymbol{I} \end{cases} \tag{2-61}$$

而对后视觉系统感知到的原始图像和失真图像互信息进行计算，分别表示为 $I(\boldsymbol{R};\boldsymbol{E})$ 和 $I(\boldsymbol{D};\boldsymbol{F})$。整体信息内容权重可表示为：

$$w = I(\boldsymbol{R};\boldsymbol{E}) + I(\boldsymbol{D};\boldsymbol{F}) - I(\boldsymbol{E};\boldsymbol{F}) \tag{2-62}$$

其中，互信息 $I(\boldsymbol{X};\boldsymbol{Y})$ 定义为：

$$\begin{cases} I(\boldsymbol{X};\boldsymbol{Y}) = \dfrac{1}{2}\log_2\left[\dfrac{|\boldsymbol{C}_X \| \boldsymbol{C}_Y|}{\boldsymbol{C}(\boldsymbol{X},\boldsymbol{Y})}\right] \\ \boldsymbol{C}(\boldsymbol{X},\boldsymbol{Y}) = \begin{pmatrix} C_X & C_{XY} \\ C_{YX} & C_Y \end{pmatrix} \end{cases} \tag{2-63}$$

考虑对称性可简化为：

$$w = \frac{1}{2}\sum_{k=1}^{K}\log\left[1 + \frac{\sigma_V^2}{\sigma_N^2} + \left(\frac{\sigma_V^2}{\sigma_N^4} + \frac{1+g^2}{\sigma_N^2}\right)s^2\lambda_k\right] \tag{2-64}$$

最后，通过加权方法计算结构相似图。令 w_j 为 j 空间位置的加权信息内容，$IW-SSIM$ 可表示为：

$$IW-SSIM = \frac{\sum_j w_j c(x_j, y_j) s(x_j, y_j)}{\sum_j w_j} \tag{2-65}$$

3. 基于自然场景分析方法

用高质量的成像设备获得视频或图像中的场景称为自然场景，自然场景只是所有可能图像的一小部分，现实世界中大多数的退化过程都会扰乱这些统计特征，使得图像或视频信号变得“不自然”。许多学者已经研究出了一些对自然场景统计特征进行建模的方法，典型的基于自然场景分析的方法为 VIF。

Sheikh 等提出了视觉信息保真度准则（VIF）。VIF 通过衡量两种信息的比值来评价图像质量，如图 2-6 所示。一种信息是没有失真存在时，经由 HVS 通道得到的输出图像和输入图像的共同信息，称为参考图像信息；另一种信息是失真通道的输入和输出的共同信息，称为失真图像信息。

首先使用小波域高斯尺度混合（Gaussian Scale Model，GSM）模型对图像进行

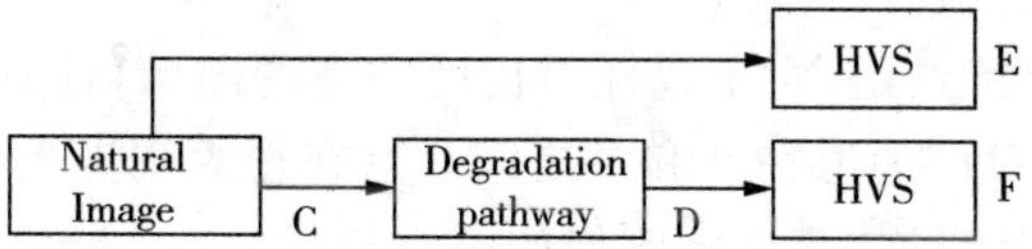

图 2-6　VIF 结构

建模,GSM 是一个随机域(Random Field,RF),它可以表示为两个独立 RF 的乘积。其中一个随机矢量可以看作是小波域高斯混合模型,可以表示为:

$$\boldsymbol{C}=\sqrt{z}\boldsymbol{U} \tag{2-66}$$

其中,$\boldsymbol{C}$ 为零均值高斯矢量;$\boldsymbol{U}$ 为零均值高斯向量;$\sqrt{z}$ 是一个独立的标量随机变量。

然后对 HVS 建模,将 HVS 看成一个退化通道,认为图像经过 HVS 后只有部分信息被接收。为了简化计算,将 HVS 视为仅含有视觉噪声,在小波域对 HVS 噪声建模:

$$\boldsymbol{E}=\boldsymbol{C}+\boldsymbol{N} \tag{2-67}$$

$$\boldsymbol{F}=\boldsymbol{D}+\boldsymbol{N} \tag{2-68}$$

其中,$\boldsymbol{E}$ 和 $\boldsymbol{F}$ 分别表示参考图像和测试图像中 HVS 模型输出处的视觉信号的感知信息;$\boldsymbol{N}$ 为独立高斯白噪声。对噪声的方差进行建模:

$$C_N=\sigma_n^2 I \tag{2-69}$$

其中,σ_n^2 为 HVS 的模型参数。

共同信息 $I(\boldsymbol{C};\boldsymbol{E})$ 衡量的是一幅图像经由 HVS 输出后能够提取的信息的数量。相应地,$I(\boldsymbol{C};\boldsymbol{F})$ 为退化图像经由 HVS 后能够提取的信息的数量,计算过程如下:

$$I(C_N;E_N \mid s_N)=\frac{1}{2}\sum_{i=1}^{N}\sum_{k=1}^{M}\log_2\left(1+\frac{s_i^2\lambda_k}{\sigma_n^2}\right) \tag{2-70}$$

$$I(C_N;F_N \mid s_N)=\frac{1}{2}\sum_{i=1}^{N}\sum_{k=1}^{M}\log_2\left(1+\frac{g_i^2 s_i^2\lambda_k}{\sigma_n^2+\sigma_v^2}\right) \tag{2-71}$$

因此,这两种信息的比值即为 VIF:

$$VIF=\frac{\sum\limits_{j\in \text{subbands}} I(C_{N,j};F_{N,j} \mid s_{N,j})}{\sum\limits_{j\in \text{subbands}} I(C_{N,j};E_{N,j} \mid s_{N,j})} \tag{2-72}$$

其中，$C_{N,j}$ 为子带 j 的第 N 个系数。

VIF 方法的最大特点是，对于线性对比度增强的图像，计算得到的 VIF 的值大于 1，而其他情况下 VIF 的值在 0 和 1 之间。这在很大程度上符合人的视觉感受，因为对比度增强的主要目的是增强图像的视觉效果。

4. 基于特征分析方法

人眼主要是根据图像中的低级特征，如阶跃边缘、零交叉边缘等来理解图像。研究发现，人类视觉察觉到的图像特征具有相位一致性（Phase Congruency，PC）。因此，学者 Zhang 等提出了特征结构相似度（Features Similarity Index，FSIM）。本书将相位一致性作为主要低层视觉特性，同时考虑到相位一致性的相对不变性，因此加入图像梯度强度（Gradient Magnitude，GM）作为次要特征编码对比度信息。在计算局部相似度图后，再次使用相位一致性特征加权相似度图综合得到图像质量。

首先，计算相位一致性特征。采用 log－Gabor 滤波器作为正交滤波器 M_n^e 和 M_n^o 去卷积二维图像。可得到每一个点 x 的一个响应集合$[e_{n,\theta_j}(x),o_{n,\theta_j}(x)]$。在尺度 n、方向 θ_j 下的幅度表示为：

$$A_{n,\theta_j}(x)=\sqrt{[e_{n,\theta_j}(x)]^2+[o_{n,\theta_j}(x)]^2} \tag{2-73}$$

沿着方向 θ_j 的局部能量为：

$$E_{\theta_j}(x)=\sqrt{[F_{\theta_j}(x)]^2+[H_{\theta_j}(x)]^2} \tag{2-74}$$

其中，$F_{\theta_j}(x)=\sum\limits_n e_{n,\theta_j}(x)$，$H_{\theta_j}(x)=\sum\limits_n o_{n,\theta_j}(x)$，所以图像的二维相位一致性定义为：

$$PC_{2D}(x)=\frac{\sum\limits_j E_{\theta_j}(x)}{\varepsilon+\sum\limits_n\sum\limits_j A_{n,\theta_j}(x)} \tag{2-75}$$

其次，计算梯度强度。梯度运算可看作是卷积，Sobel 算子、Prewitt 算子和 Scharr 算子被用作计算图像梯度。$G_x(x)$ 和 $G_y(x)$ 分别表示图像 $f(x)$ 沿水平方向和垂直方向的偏导数，图像梯度强度定义为 $G=\sqrt{G_x^2+G_y^2}$。

最后，评测特征相似度图像质量。图像 $f_1(x)$ 和图像 $f_2(x)$ 的相位一致性图为 $PC_1(x)$ 和 $PC_2(x)$，梯度强度图为 $G_1(x)$ 和 $G_2(x)$，则局部相位一致性相似度和梯度强度相似度定义为：

$$S_{PC}(x)=\frac{2PC_1(x)\times PC_2(x)+T_1}{PC_1^2(x)+PC_2^2(x)+T_1} \tag{2-76}$$

$$S_G(x)=\frac{2G_1(x)\times G_2(x)+T_2}{G_1^2(x)+G_2^2(x)+T_2} \tag{2-77}$$

其中，T_1 和 T_2 为常数。通过组合两个局部相似度可得到相似度：

$$S_L(x)=[S_{PC}(x)]^{\alpha}\cdot[S_G(x)]^{\beta} \tag{2-78}$$

其中，α 和 β 是相位一致性和梯度强度特征相对重要性的参数。由于不同位置对于HVS感知图像的贡献不同，所以使用 $PC_{\mathrm{m}}(x)=\max[PC_1(x),PC_2(x)]$ 加权 $S_L(x)$，得到 $FSIM$：

$$FSIM=\frac{\sum\limits_{x\in\Omega}S_L(x)\cdot \mathrm{PC_m}(x)}{\sum\limits_{x\in\Omega}PC_{\mathrm{m}}(x)} \tag{2-79}$$

此外，本章参考文献[30]还进一步将 FSIM 扩展到了彩色图像质量评价，称为 FSIMc。

2.2.2　弱参考图像质量评价方法基础

1. 基于小波的方法

由于不同的失真会使小波系数边缘概率分布产生不同变化，因此 Zhou 等人提出了基于小波域的自然图像统计模型的弱参考图像质量评价算法(RR - WISM)。

设原始图像和失真图像的小波变换系数直方图分别为 $p(x)$ 和 $q(x)$，用 $K-L$ 距离描述两个直方图之间的差异：

$$d(p\parallel q)=\int p(x)\lg\frac{p(x)}{q(x)}\mathrm{d}x \tag{2-80}$$

用广义高斯分布(GGD)对小波系数直方图进行统计建模并将获得的模型参数作为特征信息传输。定义广义高斯分布密度表达式：

$$p_m(x)=\frac{\beta}{2\beta\Gamma(1/\beta)}\exp\left[-\left(\frac{|x|}{\beta}\right)^{\beta}\right] \tag{2-81}$$

从上式获得两个参数(α,β)，接收端根据这两个参数估计出原始图像的小波系数直方图 $p_m(x)$，同时计算出所接收到图像的小波变换系数直方图 $q(x)$，进而得到 $p_m(x)$ 和 $q(x)$ 的 $K-L$ 距离：

$$d(p_m\parallel q)=\int p_m(x)\lg\frac{p_m(x)}{q(x)}\mathrm{d}x \tag{2-82}$$

为提高精度，引入预测误差作为另一个特征，预测误差定义为 $p_m(x)$ 和 $p(x)$ 的 $K-L$ 距离：

$$d(p_m \parallel p) = \int p_m(x) \lg \frac{p_m(x)}{p(x)} dx \tag{2-83}$$

这样可得到 $d(p \parallel q)$ 的估计值：

$$\hat{d}(p \parallel q) = d(p_m \parallel q) - d(p_m \parallel p) = \int p_m(x) \lg \frac{p(x)}{q(x)} dx \tag{2-84}$$

计算估计误差：

$$d(p \parallel q) - \hat{d}(p \parallel p) = \int [p(x) - p_m(x)] \lg \frac{p(x)}{q(x)} dx \tag{2-85}$$

最后将所有 $K-L$ 距离值综合，得到整幅图像的失真测度：

$$D = lb\left(1 + \frac{1}{D_0} \sum_{k=1}^{K} |\hat{d}^k(p^k \parallel q^k)|\right) \tag{2-86}$$

2. 基于多尺度几何分析的方法

多尺度几何方法是一种图像稀疏表示和图像特征信息提取的方法。本节参考文献[32]提出了利用 Contourlet 将图像分解到不同的尺度和方向子带，为使人眼对图像不同尺度具有相同的感知能力，对各方向子带按其所在尺度进行对比度感知函数(Contrast Sensitivity Function，CSF)加权，根据视觉感知特性，确定一定阈值，从而得到各子带中的视觉敏感系数，统计失真图像和原始图像的视觉敏感系数关系，最终得到对失真图像的评价测度。

利用 Contourlet 时，对图像进行三层拉普拉斯塔型变换，各层由细到粗依次采用四级、三级、三级方向滤波器组(Directional Filter Banks，DFB)分解。根据 DFB 的性质，这里仅选取一半的高频子带进行分析，而后进行 CSF 掩膜。

选择变换域系数作为图像对比度时，由于人眼对不同空间频率的图像信号感知程度不同，因而要对不同频率变换子带系数进行加权，使加权后的不同尺度系数对于人类感知具有相同的意义，需要对不同子带系数进行归一化加权。由于 CSF 掩膜可以度量人眼对不同频率信号的视觉敏感度，因此采用 CSF 掩膜效应对不同子带的系数进行加权。CSF 掩膜系数通过调制传递函数(Modulation Transfer Function，MTF)获得：

$$H(f) = 2.6(0.192 + 0.114f)e^{-(0.114f)^{1.1}} \tag{2-87}$$

其中，$f = f_n \times f_s$，f_n 为每个尺度的中心频率，f_s 为图像采样频率，计算方法如下：

$$f_s = \frac{2v \times \tan 0.5° \times r}{0.0254} \tag{2-88}$$

其中，v 为观测距离，r 为显示器分辨率。文献中取 $v = 0.8$ m，尺寸为 53.34 cm，分

辨率为 1024×768，则 $r = \sqrt{1024^2 + 768^2}/53.34 \approx 24$ pixel/cm。

通过对各子带的加权使得所有子带系数对于人的感知具有相同的意义，研究表明只有幅值较大的变换系数的变化才对图像质量有影响，因此需确定阈值 T，大于该阈值的系数被认为是人眼视觉较敏感系数。T 定义如下：

$$T = \frac{\alpha}{M} \sum_{i=1}^{M} \left[\frac{1}{N-1} \sum_{j=1}^{N} (x_{i,j} - \bar{x}_i)^2 \right]^{1/2} \tag{2-89}$$

其中，$x_{i,j}$ 为最精细尺度上第 i 个子带的第 j 个系数；$\bar{x}_i$ 为第 i 个子带系数的均值；M 为最精细尺度上选取子带数目；N_i 为第 i 个子带中系数总个数；α 是随失真类型变化的调节因子。

利用恰可察觉变化门限，可得到第 n 个子带中感知系数的个数，记为 $C_T(n)$。假设第 n 个子带中系数总个数为 $C(n)$，通过式(2-90)计算可得到一幅具有 L 个柄的归一化直方图，其纵坐标表示各子带中感知系数所占的比例：

$$p(n) = \frac{C_T(n)}{C(n)} \tag{2-90}$$

根据式(2-91)计算可得到参考图像和失真图像的归一化直方图，分别记为 P_R 和 P_D，然后利用对数变换构造失真图像的质量测度：

$$Q = \frac{1}{1 + lb\left(\dfrac{S}{Q_0 + 1}\right)} \tag{2-91}$$

其中，$S = \sum_{n=1}^{L} |P_R(n) - P_D(n)|$ 是 $P_R(n)$ 和 $P_D(n)$ 间的距离，Q_0 为常数，用来调节失真测度的范围，定为 0.1。

3. 基于视觉注意机制的方法

Ninassi 等为研究视觉注意对图像质量的影响，将真实的视觉注意信息融入常规的基于误差敏感的质量评价。为了使客观质量评价方法更加接近主观评价，Moorthy 等考虑视觉重要性对质量评价的影响，分别采用了两种策略对 SSIM 算法进行改进，提出了基于视觉注意点加权的结构相似度系数和基于质量加权的结构相似度系数。

在第一种方法中，利用 GAFFE 模型模拟人眼观看失真图像并记录 10 个注意点。以这 10 个注意点为中心拓展 10 个 11×11 像素的圆形区域。计算此失真图像的 SSIM 系数，对每一个区域中的 SSIM 系数用系数 k 进行加权。经过大量实验可知 $125 \leqslant k \leqslant 135$ 时结果较好且稳定，故取 $k = 265$。因此，基于视觉注意点加权的质量评价测度定义为：

$$Q=\frac{\sum_{i=1}^{P}\sum_{j=1}^{Q}SSIM(x_{ij},y_{ij})w_{ij}}{\sum_{i=1}^{P}\sum_{j=1}^{Q}w_{ij}} \tag{2-92}$$

其中，x、y 分别代表参考图像和失真图像；$SSIM(x_{ij},y_{ij})$ 是结构相似度算法在像素位置(i,j) 的幅度值；w_{ij} 为该位置的加权系数；P、Q 分别代表图像的长和宽。

在第二种方法中，假设图像中严重失真区域会严重影响人眼对该图像的主观印象。因此将 $SSIM$ 算法所得到的相似系数进行重新排序，对失真程度最大的 $p\%$ 像素用系数 r 加权。经过大量实验验证，在 $p=6$、$r=4000$ 时客观质量测度与主观评价最相关。

此外，Ninassi 等还尝试将两种方法相结合，以期望得到更加符合主观评价的客观质量测度。实验结果表明，无论是基于视觉注意点加权、基于质量加权，还是将二者相结合，都较 SSIM 算法有所改进，其中第二种方法提示效果较为明显。

2.2.3 无参考图像质量评价方法基础

1. 基于小波域的方法

(1)BIQI

Moorthy 等人提出了一种基于小波域的自然图像统计特性算法(Blind Image Quality Indices，BIQI)，认为失真会影响图像小波域自然统计特性，并且这种影响是有规律且可量化的。BIQI 提出两级框架的模型，第一步利用支持向量机 SVM 识别图像中存在每一种失真类型的可能性，第二步利用专用型无参考方法或者利用支持向量回归 SVR 计算图像在每一种单一失真类型下对应的图像质量，最后利用第一步得到的失真类型可能性对第二步的结果进行加权平均得到图像质量。

对于一幅输入图像，利用 Daubechies 9/7 小波基，经过 3 级尺度和 3 个方向的小波变换之后得到子带系数，然后用一种广义高斯分布(Generalized Gaussian Distribution，GGD) 进行拟合：

$$f_x(x;\mu,\sigma^2,\gamma)=a\mathrm{e}^{-(b|x-\mu|)} \tag{2-93}$$

其中，μ、σ^2、γ 为实 GGD 均值、方差和形状参数；$b=(1/\sigma)\sqrt{\Gamma(3/\gamma)/\Gamma(1/\gamma)}$；$a=\beta\gamma/[2\Gamma(1/\gamma)]$；$\Gamma(x)=\int_0^{\infty}t^{x-1}\mathrm{e}^{-t}\mathrm{d}t(x>0)$。由于小波基可看成是一种特殊的带通滤波器，故其响应满足零均值分布。在 3×3 共 9 个子带上提取两个参数(σ^2,γ)，由于图像是多尺度的，所以提取到的特征共 36 个。

利用多分类支持向量机对训练集中 5 种失真图像提取上述的特征向量进行训练。SVM 预测出失真图像中存在每一种失真类型的可能性为 $p_i(i=1,2,\cdots,5)$。针对 5 种失真类型，利用特征向量分别进行 SVR 训练得到特征向量与图像主观质

量之间的映射关系 $q_i(i=1,2,\cdots,5)$。然后计算图像的客观评价质量：

$$BIQI=\sum_{i=1}^{5}p_iq_i, i=1,2,\cdots,5 \tag{2-94}$$

在进行 SVM 分类时，采用的是径向基函数（Radial Basis Function，RBF）方法，以五重交叉验证的方式确定 SVM 参数，采用 v - SVM 进行回归训练，(C,γ,v) 参数采取与 SVM 同样的交叉验证方式进行确定，其中 $v=0.5$ m。

（2）DIIVINE

Moorthy 等人在 BIQI 的基础上进行了改进，提出了基于失真类型识别的图像真实性和完整性评价算法（Distortion Identification - based Image Verity and Integrity Evaluation，DIIVINE），不同于 BIQI 只提取一些简单的边际描述的特征，该算法提取了与视觉一致性的统计特征。

首先，进行小波系数归一化，该过程分两步：第一步，利用可控金字塔在 2 级尺度、6 个方向执行小波分解；第二步，执行视觉分离归一化变换（Divisive Normalization Transform）过程。用高斯尺度混合（GSM）模型对归一化领域向量 $\boldsymbol{Y}$ 建模，$\boldsymbol{Y}$ 的概率密度可表示为：

$$p_Y(y)=\int\frac{1}{(2\pi)^{N/2}z^2C_U^{1/2}}\exp\left(\frac{-\boldsymbol{Y}^TC_U^{-1}\boldsymbol{Y}}{z^2}\right)p_z(z)\mathrm{d}z \tag{2-95}$$

分离归一化过程使得自然图像的子带统计特性分布特征更接近于高斯分布。

其次，提取小波系数统计特征，包括五类：子带分布特征、方向相关性、尺度间相关性、空间自相关性和空间互相关性。

子带分布特征：12 个子带上的子带系数用式（2-93）进行表示，由于 $\mu=0$，采用快速匹配法估计分布参数 (σ^2,γ) 作为子带分布特征。

方向相关性特征：对于分离归一化之后的系数 d_α^θ 同样采用 GGD 对 $\{(d_1^\theta,d_2^\theta)\mid\forall\theta\}$ 与 $\{d_\alpha^\theta\mid(\forall\alpha,\theta)\}$ 进行拟合，估计的 γ 作为方向相关性特征。

尺度间相关性特征：每一个带通（BP）子带用窗函数方法比较其高通残余带。采用标准差 $\sigma=1.5$ 的 15×15 高斯窗函数对 BP 和 HP 带进行滤波。结构相关性计算公式为：

$$p=\frac{2\sigma_{xy}+C_2}{\sigma_x^2+\sigma_y^2+C_2} \tag{2-96}$$

其中，σ_{xy} 表示 BP 与 HP 窗口区域内协方差；σ_x^2、σ_y^2 分别是 BP 与 HP 窗口区域方差；C_2 为常数，对子带内所有的局部区域相关性求平均值 $\bar{p}$，将其作为尺度间相关性特征。

空间自相关性：对于 $\{d_1^\theta\mid\forall\theta\}$，计算 (i,j) 处小波系数与 $N^\tau(\tau\in1,2,\cdots,25)$

的联合经验分布，N^{τ} 表示棋盘距离为 τ 的空间坐标系集合。对于值为 τ 的联合分布可以理解为两个随机变量 X 与 Y 的联合分布 $p_{XY}(x,y)$，估计两个变量之间的相关性：

$$p(\tau)=\frac{E_{p_{XY}(x,y)}\{(X-E_{p_X(x)}[X])^{\mathrm{T}}(Y-E_{p_Y(y)}[Y])\}}{\sigma_X\sigma_Y} \tag{2-97}$$

其中，$E_{p_X(x)}[X]$ 表示边际分布为 $p_X(x)$ 的 X 的数学期望。对 $\{d_1^{\theta} \mid \forall\theta\}$ 分别计算 $p(\tau)$，然后利用三阶多项式对 $[\tau,p(\tau)]$ 进行曲线拟合，每一个三阶曲线拟合得到 4 个拟合参数。将拟合参数、预测值与实际值的差等作为空间自相关性统计特征。

空间互相关性特征：将 $\theta\in\{0°,30°,60°,90°,120°,150°\}$ 6 个方向的子带分为 15 组，采用与计算尺度相关性特征的窗函数方法计算每组子带中的区域相关性，并取最低的 5% 的区域相关性数值作为空间互相关性特征。

最后计算图像质量。对提取的归一化小波系数统计特征，分别利用多分类 SVM 和 SVR 进行失真类型分类和回归预测客观图像质量，具体方法与 BIQI 相似。

2. 基于 DCT 域的方法

(1)BLIINDS

研究表明，自然图像具有高度的结构特性，人眼视觉倾向于从图像中提取结构信息。因此，Saad 等人提出了一种基于 DCT 域统计特性的图像完整性评价方法(Blind Image Integrity Notator using DCT Statistics，BLIINDS)。BLIINDS 提取 DCT 系数的统计特征，利用机器学习的方法来评价图像质量。

首先提取 DCT 域的特征，包括对比度特征、结构特征以及各向异性。

对比度特征：对比度是图像的一个基本视觉属性，将图像分为 $B\times B$ 的图像块进行二维 DCT 变换，局部 DCT 对比度定义为交流 AC 系数与直流 DC 系数幅值的平均。整幅图像的全局对比度为图像块局部对比度的均值，计算公式为：

$$C_{\text{local}}=\text{mean}\frac{|AC|_i}{|DC|},C_{\text{global}}=\frac{\sum C_{\text{local}}}{N} \tag{2-98}$$

结构特征：DCT 域 AC 系数直方图统计特性，首先需要计算峰度，峰度是用来反映频数分布曲线顶端尖峭或扁平程度的指标，其计算公式为：$k(x)=E(x-\mu)^4/\sigma^4$，μ 表示 x 的均值，σ 表示标准差。对最小的 10% 局部峰度 k_b 计算均值，将其作为结构特征。

各向异性特征：按照 $\{0°,45°,90°,135°\}$ 4 个方向将图像分为互不重叠的 $B\times 1$ 图像块，计算图像块的一维 DCT 变换，用 $P_\theta[n,k]$ 代表图像块的 DCT 变换 AC 系数，$1<k\leqslant B$ 代表该图像块 DCT 系数序号，n 代表该图像块在图像中的空间序号，

B 表示方向。将图像块的 DCT 变换系数进行归一化，利用归一化系数计算出图像块的瑞丽熵：

$$R_\theta[n]=-\frac{1}{2}\lg\left(\sum_k \widetilde{P}_\theta[n,k]^3\right) \tag{2-99}$$

图像 θ 方向的平均瑞丽熵用 $E[R_\theta]$ 表示，4 个方向上平均瑞丽熵方差为 $\mathrm{var}E[R_\theta]$，最大平均瑞丽熵为 $\max E[R_\theta]$。提取 $\mathrm{var}E[R_\theta]$ 和 $\max E[R_\theta]$ 作为图像各向异性特征。

而后计算图像质量。向量 $\boldsymbol{X}_i=\{f_i \mid i\in 1,2,\cdots,8\}$ 表示第 i 幅图像上提取的特征向量，$DMOS_i$ 表示第 i 幅图像主观质量分数。算法用多元高斯分布模型或者多元拉普拉斯分布模型对图像特征进行拟合，因为这两种模型仅仅需要估计均值和方差两个参数。通过在 LIVE 数据中选取部分图像作为训练样本提取图像特征 X，训练得到概率模型 $P(X,DMOS)$。对于输入图像，提取特征向量 $\boldsymbol{X}_i$，计算 $\max P(\boldsymbol{X}_i,DMOS_i)$ 即为图像质量。

(2)BLIINDS－Ⅱ

BLIINDS－Ⅱ算法，在 BLIINDS 算法的基础上，对特征选取和特征拟合形式进行了一些改变，使得客观评价结果更符合主观评价。BLIINDS－Ⅱ在图像的 DCT 域提取的特征包括：广义高斯分布(Generalized Gaussian Distribution，GGD)形状参数特征、频率变化系数特征、能量子带比例特征和方向特征等。

GGD 模型形状参数特征：与 BLIINDS 算法一样，将图像分为 $B\times B$ 的图像块进行二维 DCT 变换，用广义高斯模型拟合 DCT 的系数，μ、σ^2、γ 分别是该模型的参数。并将整幅图像中最小的 10% 个 γ 值求平均作为特征 f_1，对全部图像块的 γ 值求平均作为高斯形状参数特征。

频率变化系数特征：对图像中所有的块计算频率变化系数 $\zeta=\sigma/\mu$，对最大的 10% 图像块和全部图像块求均值，记为 $E_{\mathrm{m}}[\zeta]$ 和 $E[\zeta]$，将其作为频率变化系数特征。

能量子带比例特征：图像失真通常会使图像局部的光谱特征发生改变。局部 DCT 的能量子带比例能够反映图像失真。将 DCT 的 AC 系数分为 3 个频率子带，$\Omega_n(n=1,2,3)$ 代表从低到高的频率信息子带。定义子带 n 的平均能量为 $E_n=\sigma_n^2$，σ_n^2 为式(2－90)的方差拟合参数，然后计算能量子带比例：

$$R_n=\frac{\left|E_n-\dfrac{1}{n-1}\sum_{j<n}E_j\right|}{E_n+\dfrac{1}{n-1}\sum_{j<n}E_j},n=2,3 \tag{2-100}$$

同样对最大的 10% 图像块和全部图像块求均值，记为 $E_m[R_n]$ 和 $E[R_n]$，作为能量子带比例特征。

方向特征：将图像块 DCT 域的 AC 系数分为 3 个方向信息子带。对每一个子带采用广义高斯模型进行拟合，得到模型参数 $\zeta_n(n=1,2,3)$，然后计算每一个子带 ζ_n 的方差 $\mathrm{var}\zeta$。分别对最大的 10% 图像块求均值以及全部图像块求均值，记为 $E_m[\mathrm{var}\zeta]$ 和 $E[\mathrm{var}\zeta]$，将其作为方向特征。

最终图像质量计算方法与 BLIINDS 相同。

3. 基于空域的方法

(1)BRISQUE

Ruderman 通过研究发现自然图像归一化的亮度值趋向于高斯特性，他认为图像中的失真会改变统计特征，通过测量这种统计特征的改变，可以预测失真类型并以此评价图像质量。在此理论的基础上，Mittal 等人提出了基于空域统计特征的空间域图像质量评估算法(Blind/Referenceless Image Spatial Quality Evaluator，BRISQUE)。

首先，进行图像像素归一化。对于一幅图像，通过分离归一化计算图像的归一化亮度。假设图像为 $I(i,j)$，则其分离归一化计算公式如下：

$$\hat{I}(i,j)=\frac{I(i,j)-\mu(i,j)}{\sigma(i,j)+1} \tag{2-101}$$

$$\mu(i,j)=\sum_{k=-K}^{K}\sum_{l=-L}^{L}w_{k,l}I(i+k,j+l) \tag{2-102}$$

$$\sigma(i,j)=\sqrt{\sum_{k=-K}^{K}\sum_{l=-L}^{L}w_{k,l}\left[I(i+k,j+l)-\mu(i,j)\right]^2} \tag{2-103}$$

将式(2-98)定义为 $MSCN$(Mean Subtracted Contrast Normalized)系数。

其次，提取空域特征。特征包括广义高斯分布特征和相邻系数相关性。

广义高斯分布特征：模型公式可表示为

$$f(x;\alpha,\beta)=\frac{\alpha}{2\beta\Gamma(1/\alpha)}\exp\left[-\left(\frac{|x|}{\beta}\right)^{\alpha}\right] \tag{2-104}$$

形状参数 α 控制着广义高斯模型部分的形状，σ^2 是方差。采用快速匹配法估计(α,σ^2)作为广义高斯分布特征。

相邻系数相关性：从水平、垂直、主对角线和次对角线 4 个方向得到相关性图像，采用非对称广义高斯分布(Asymmetric Generalized Gaussian Distribution，AGGD)进行拟合，每个方向的估计参数$(\eta,v,\sigma_l,\sigma_r)$利用快速匹配法进行估计。4 个方向估计的 16 个参数作为相邻系数相关性特征。

由于自然图像统计特性的多尺度性，因此在 2 个尺度下分别提取 2 个广义高斯分布特征和 16 个相邻系数相关性特征，共计提取 36 个特征。

利用 SVR 得到回归模型，训练出图像特征与主观图像质量分数之间的映射关系。对于待测图像，提取其特征向量代入训练好的 SVR 回归模型来计算图像质量。

(2)NIQE

德克萨斯大学 LIVE 实验室提出了一种通用的无参考图像质量评价算法(Natural Image Quality Evaluator，NIQE)，该算法无须利用人眼评分的失真图像进行训练，特征提取过程与 BRISQUE 类似。NIQE 基于人眼对图像中对比度较高区域更敏感的特征，提出在图像中选取显著区域建立特征模型的方法。

首先提取图像中显著区域的子块特征。利用式(2－103) 中的局部方差 $\sigma(i,j)$ 可以衡量图像局部锐度。将图像分为 $P\times P$ 的图像块，计算图像块 b 局部的平均方差：

$$\delta(b)=\sum\sum_{(i,j)\in \text{patchb}}\sigma(i,j) \tag{2-105}$$

该形变系数阈值设为 0.75，大于 0.75 的子块可进行接下来的计算。公式的意义表明形变系数越大的子块里面的内容越复杂，即包含的信息更多。

在提取的图像显著块上，对归一化系数利用广义高斯分布模型(GGD) 进行拟合，估计归一化后的广义高斯分布参数(α,σ^2)。然后再采用 AGGD 对 4 个相邻系数乘积进行拟合，得到 16 个相邻系数参数。同样由于图像视觉特性是多尺度的，因此同样提取两个尺度图像统计特征共 36 个。

将提取的 36 个特征采用拟合 MVG 模型计算参数 $\boldsymbol{\mu}$ 和 $\sum$，其中，$\boldsymbol{\mu}$ 为均值，$\sum$ 为方差矩阵。MVG 模型的公式如下：

$$f(x)=\frac{1}{(2\pi)^{m/2}\left|\sum\right|^{1/2}}\exp\left[-\frac{1}{2}(\boldsymbol{x}-\boldsymbol{\mu})^{\mathrm{T}}\sum{}^{-1}(\boldsymbol{x}-\boldsymbol{\mu})\right] \tag{2-106}$$

而后提取失真图像统计特征，进行 MVG 模型拟合得到$(\mu',\sum')$，通过计算失真图像与自然图像拟合参数之间的距离来衡量图像质量，具体的计算公式如下：

$$D\left(\mu_1,\mu_2,\sum{}_1,\sum{}_2\right)=\sqrt{(\boldsymbol{\mu}_1-\boldsymbol{\mu}_2)^{\mathrm{T}}\left(\frac{\sum_1+\sum_2}{2}\right)^{-1}(\boldsymbol{\mu}_1-\boldsymbol{\mu}_2)} \tag{2-107}$$

其中，μ_1、μ_2，$\sum_1$、$\sum_2$ 分别为自然图像和失真图像的 MVG 模型均值和方差矩阵，这些参数的值越大，表明图像的质量越差。

(3)IL－NIQE

Zhang 等参考 NIQE 算法，提出了基于 NIQE 的改进型即无主观感知的无参考算法(Integrated Local NIQE,IL－NIQE)。算法在提取两类经典的基于NSS特征基础上增加了三类特征:梯度特征、log－Gabor滤波器响应提取特征、颜色特征。

基于NSS特征:该类特征提取过程与NIQE相同,包括*MSCN*系数特征和相邻系数相关性特征两种特征。

梯度特征:图像梯度可描述局部图像结构,是图像局部质量的重要指标。研究表明通过对图像引入失真,图像的梯度分量(偏导数)和梯度幅值的分布会发生变化。水平和垂直方向梯度分量即为 I_h 和 I_v,则图像梯度幅值为$\sqrt{I_h^2+I_v^2}$。由于自然图像的梯度幅度服从如下威布尔分布:

$$p(x;a,b)=\begin{cases}\frac{a}{b^a}x^{a-1}\exp\left[\left(\frac{x}{b}\right)^a\right],x>0\\0,x<0\end{cases} \tag{2-108}$$

参数 a 的较大值大致对应于渐变大小贴图中的更多纹理,而 b 的较大值意味着更大的局部对比度。将威布尔分布的经验拟合参数 a 和 b 用于图像梯度幅度直方图作为高度相关的质量感知NSS特征。

将RGB图像转换为感知相关的对手颜色空间,然后计算NSS梯度特征。

$$\begin{bmatrix}O_1\\O_2\\O_3\end{bmatrix}=\begin{bmatrix}0.06 & 0.63 & 0.27\\0.30 & 0.04 & -0.35\\0.34 & -0.6 & 0.17\end{bmatrix}\begin{bmatrix}R\\G\\B\end{bmatrix} \tag{2-109}$$

将NSS特征分别在每个信道 O_1、O_2、O_3 上计算,并将计算结果作为质量感知特征。

Log－Gabor滤波器响应提取特征:使用与图像质量感知相关的Log－Gabor滤波器实现多尺度、多方向的滤波:

$$G_2(\omega,\theta)=e^{-\frac{\left[\log\left(\frac{\omega}{\omega_0}\right)\right]^2}{2\sigma_r^2}}\cdot e^{-\frac{(\theta-\theta_j)^2}{2\sigma_\theta^2}} \tag{2-110}$$

通过GGD对滤波器响应的梯度和平滑方向进行建模求取最优参数作为特征。此外通过式(2－105)对响应的梯度幅值进行计算求取最优参数作为特征。

颜色特征:首先,计算RGB通道的对数空间并减去平均值:

$$\begin{aligned}R(i,j)&=\log R(i,j)-\mu_R\\G(i,j)&=\log G(i,j)-\mu_G\\B(i,j)&=\log B(i,j)-\mu_B\end{aligned} \tag{2-111}$$

其次，计算投影空间：

$$l_1(x,y)=(R+G+B)/\sqrt{3}$$
$$l_2(x,y)=(R+G-2B)/\sqrt{6} \tag{2-112}$$
$$l_3(x,y)=(R-G)/\sqrt{2}$$

最后，对 l_1,l_2,l_3 采用高斯模型进行拟合：

$$f(x;\zeta,\rho^2)=\frac{1}{\sqrt{2\pi}\rho}\exp\left[\frac{-(x-\zeta)^2}{2\rho^2}\right] \tag{2-113}$$

每个通道提取到的两个参数 ζ、ρ^2 作为图像特征。最后通过 MVG 模型进行参数拟合获得图像质量。

4. 基于深度学习的方法

(1)DIQA

图像质量评估的重大挑战之一是标记图像的成本，Jongyoo Kim 等人通过将训练分为两个步骤，找到了一种利用大量数据的方法，即 DIQA(Deep Image Quality Assessor)：训练可学习 Objective error map 的卷积神经网络(CNN)，使用 Subjective score 微调 CNN，如图 2-7 所示。

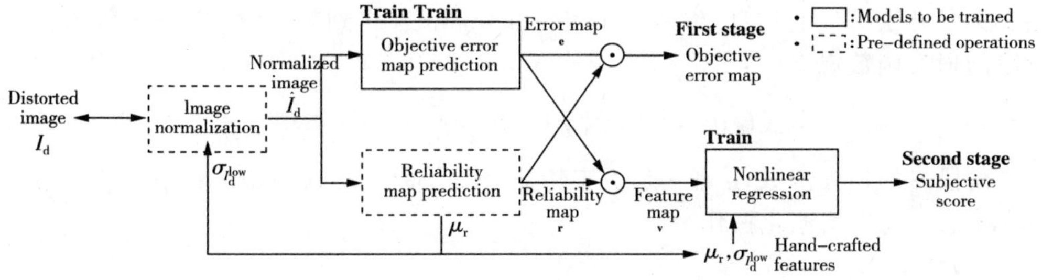

图 2-7　DIQA 模型流程图

第一步，由于使用了 CNN，可以学习原始图像和失真图像之间的 Error map，因此无须使用人类意见评分。可以使用伪参考图像(PRI)及其失真的概念扩展第一阶段数据集的大小。在第二步中，在 Conv8 之后添加两个全连接的层，并使用 Subjective scores 进行微调以学习人类主观感知。具体如下：

第一阶段是回归分析，目的是学习 Objective error map。它由图 2-8 中的上方箭头描述。损失函数定义为预测的和真实的 Error maps 的均方误差。此外，通过可靠的 Map 预测来加权这样的 Error maps 之间的差异。

$$\mathcal{L}_1(\hat{I}_d;\theta_f,\theta_g)=\|g(f(\hat{I}_d;\theta_f)-e_{gt};\theta_g)\odot\hat{r}\|_2^2 \tag{2-114}$$

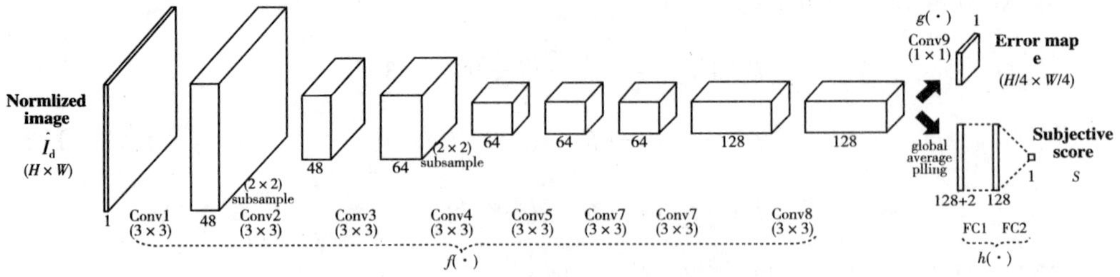

图 2-8　目标像素误差预测子网结构

利用可靠的 Map 预测 r 具有通过测量失真图像的纹理强度来避免在同质区域中预测失败的作用。

$$r=\frac{2}{1+\exp[-\alpha(|\hat{I}_d|)]}-1 \tag{2-115}$$

用指数差分函数表示真实误差,定义指数差分函数:

$$e_{\mathrm{gt}}=|\hat{I}_r-\hat{I}_d|^p \tag{2-116}$$

之后是学习 Subjective Opinion。在训练了第一个模型以预测 Objective error maps 之后,使用第一个网络并添加两个全连接层来创建一个新的网络。为了利用不同大小的图像,对 Conv8 应用全局平均池化(GAP),并将其变成全连接层。为了补偿丢失的信息,将两个手工特征 μ 和 σ 连接到 FC1,如图 2-8 所示。该阶段的损失函数定义为:

$$\mathcal{L}_2(I_d;\theta_f,\theta_h)=\|h(v,\mu_r,\sigma_{I_d^{\mathrm{low}}};\theta_h)-S)\|_2^2 \tag{2-117}$$

阶段二的损失函数,μ 和 σ 是手工特征,S 是 Subjective score,其中 v 是应用于 Conv8 的全局平均池化操作。

(2)MEON

Ma 提出了一个多任务端到端优化深度神经网络(Multi-task End-to-End Optimized Deep Neural Network,MEON)实现盲图像质量评估。MEON 由两个子网络组成,如图 2-9 所示,分别为一个失真识别网络和一个质量预测网络,二者共享早期层。与用于训练多任务网络的传统方法不同,MEON 训练过程分两步进行,第一步,训练一个识别失真类型的子网络 Ⅰ,其表示每个失真的可能性并且作为子网络 Ⅱ 的部分输入馈送;第二步,从预训练的早期层和第一个子网络的输出作为初始化,使用随机梯度下降法的变体来训练质量预测子网络。每个子任务都有损失函数,由于子网络 Ⅱ 依赖于子网络 Ⅰ 的输出,两个损失不是独立的。算法选择生物启发的广义分裂标准化(Generalized Divisive Normalization,GDN)而不是 ReLU 作为激活函数。凭经验证明,GDN 可有效减少模型参数,同时实现类似的质量预测性能。由于模型复杂程度适中，所提出的 MEON 指数在四个公开可用的基准上达到了最新水平。此外，使用群体最大差异化竞争方法证明了 MEON 对于最先进的 BIQA 模型的强大竞争力。

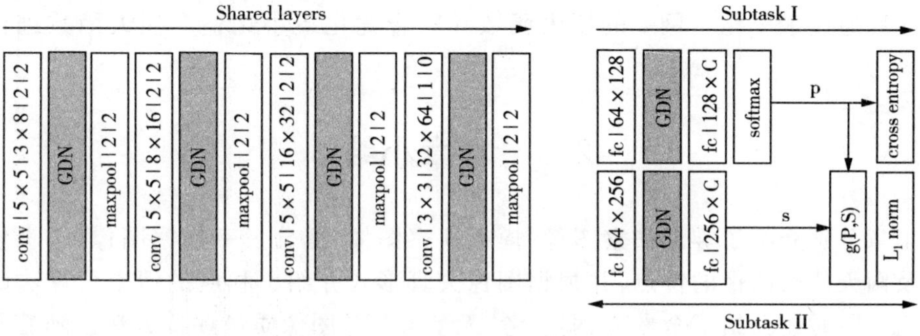

图 2 - 9　MEON 模型流程图

定义 GDN 为：

$$y_i(m,n)=\frac{x_i(m,n)}{\left[\boldsymbol{\beta}_i+\sum_{j=1}^{S}\boldsymbol{\gamma}_{ij}x_j\ (m,n)^2\right]^{1/2}} \tag{2-118}$$

其中，S 代表维度；$\boldsymbol{\beta}$ 为偏差向量；$\boldsymbol{\gamma}$ 为权重矩阵。其输入结构为 $\{(X^{(k)},p^{(k)},q^{(k)})\}_{k=1}^{K}$，$X^{(k)}$ 表示第 k 个图像，$p^{(k)}$ 表示第 k 个图像的失真类型，$q^{(k)}$ 表示第 k 个图像的 mos 值。

早期的共享层参数表示为 W，经过在卷积池化后，用 64 维特征向量表示 256 ×256 × 3 原始图像，子网 I 的参数表示为 w_1，将预测出的失真类型，我们采用 softmax 函数将范围编码为：

$$\hat{p}_i^{(k)}[X^{(k)};W,w_1]=\frac{\exp\{y_i^{(k)}[X^{(k)};W,w_1]\}}{\sum_{j=1}^{C}\exp\{y_j^{(k)}[X^{(k)};W,w_1]\}} \tag{2-119}$$

$\hat{p}_k=[\hat{p}_1^{(k)},\cdots,\hat{p}_C^{(k)}]^{\mathrm{T}}$ 表示 C 种失真类型的概率。子网 I 的损失函数为：

$$\mathcal{L}_1[X^{(k)};W,w_1]=-\sum_{k=1}^{K}\sum_{i=1}^{C}p_i^{(k)}\log\hat{p}_i^{(k)}[X^{(k)};W,w_1] \tag{2-120}$$

子网 Ⅱ 的参数表示为 w_2，其损失函数为：

$$\mathcal{L}_2[X^{(k)};W,w_2]=\|q-\hat{q}\|_1=\sum_{k=1}^{K}|q^{(k)}-\hat{q}^{(k)}| \tag{2-121}$$

其中，$\hat{q}^{(k)}=\hat{p}^{(k)T}s^{(k)}=\sum_{i=1}^{C}\hat{p}_i{}^{(k)}\times s_i{}^{(k)}$。因此整个网络的损失函数定义为：

$$\mathcal{L}[X^{(k)};W,w_1,w_2]=\mathcal{L}_1+\lambda\mathcal{L}_2 \tag{2-122}$$

而后通过最小化子网 I 的损失函数和联合优化最小化整个损失函数进行训练。

2.3 本章小结

本章分别介绍了雾天侦察图像、模糊侦察图像、低分辨率侦察图像、含噪侦察图像及雨天侦察图像的特点，并根据图像失真形式介绍了相应的清晰化算法的基础理论。同时还介绍了全参考、弱参考、无参考三类图像质量评价方法。随着研究的不断深入，一些新的清晰化思想及方法不断提出，更加准确有效的质量评价模型也加以构建并广泛应用。本章所介绍的相关清晰化及质量评价基础理论及算法模型体现本研究领域的基础与核心，值得学习和借鉴，并有着广阔的研究价值与应用前景。

本章参考文献

[1] 李从利，张思雨，韦哲，等．基于深度卷积生成对抗网络的航拍图像去厚云方法[J]．兵工学报，2019，40(7)：1434－1442.

[2] 李从利，薛松，陆文骏，等．雾天条件下偏振解析成像质量评价[J]．中国图象图形学报，2017，22(3)：366－375.

[3] 李从利，薛松，陆文骏．多失真混杂的无人机图像质量盲评价[J]．中国图象图形学报，2017，22(1)：115－125.

[4] 薛松，张思雨，刘永峰．高光谱超分图像质量评价[J]．激光与光电子学进展，2019，56(4)：87－95.

[5] 李从利，薛松，陆文骏，等．弹载侦察图像质量评价方法研究[J]．兵工学报，2017，38(1)：64－72.

[6] Kang L W，Lin C W，Fu Y H．Automatic single－image－based rain streaks removal via image decomposition[J]．IEEE Transactions on Image Processing，2012，21(4)：1742－1755.

[7] 孙月红．雾霾天图像清晰化方法的研究与实现[D]．西安：西安科技大学，2018.

[8] Land E．An alternative technique for the computation of the designator

in the retinex theory of color vision[J]. Proceedings of the National Academy of Sciences，1986,83:3078－3080.

[9] Wiener N. Extrapolation，Interpolation，and Smoothing of Stationary Time Series[M]. New York：Wiley，1949.

[10] 佚名．自动化技术、计算机技术[J]. 中国无线电电子学文摘，2006,27(5)：167－246.

[11] Lucy L B. An iterative technique for the rectification of observed distributions[J]. Astron J，1974，79：745－754.

[12] Bakary H L. 基于张量正则化框架的遥感多光谱图像降噪研究[J]. 数字化用户，2018,24(12):52.

[13] 王平，全吉成，赵柏宇．基于双线性插值的图像缩放在 GPU 上的实现[J]. 微电子学与计算机，2016，33(11)：129－132.

[14] Yang J，Wright J，Huang T S. Image super－resolution via sparse representation[J]. IEEE Trans. Image Process，2010，19(11)：2861－2873.

[15] Zeyde R，Elad M，Protter M. On single image scale－up using sparse－representations[C]. Proc. 7th Int. Conf. Curves Surfaces，2012.

[16] Buades A，Coll B，Morel J M. Nonlocal image and movie denoising[J]. International Journal of Computer Vision，2008，76(2)：123－139.

[17] 张墨华．基于先验学习的图像复原技术研究[D]. 郑州：战略支援部队信息工程大学，2019.

[18] Garg K，Nayar S K. When does camera see rain? [C]. IEEE Conference on Computer Vision and Pattern Recognition. New York：IEEE Press，2005：1067－1074.

[19] 周浦城，周远，韩裕生．视频图像去雨技术研究进展[J]. 图学学报，2017,38(5):629－646.

[20] Barnum P，Narasimhan S G，Kanade T. Analysis of rain and snow in frequency space [J]. International Journal of Computer Vision，2010，86(2－3)：256－274.

[21] 周远，韩裕生，周浦城．一种单幅图像雨滴去除的方法[J]. 图学学报，2015,36(3):438－443.

[22] Kang L W，Lin C W，Fu Y H. Automatic single－image－based rain streaks removal via image decomposition [J]. IEEE Transactions on Image Processing，2012，21(4)：1742－1755.

[23] 庞璐璐，李从利，罗军．数字图像质量评价技术综述[J]. 航空电子技术，

2011,42(2):31-35+54.

[24] Eskicioglu A M,Fisher P S. Image quality measures and their performance. [J]. IEEE Transactions on Communications,1995,43(12):2959-2965.

[25] Wang Z, Bovik A C, Sheikh H R, et al. Image Quality Assessment: From Error Visibility to Structural Similarity[J]. IEEE Transactions on Image Processing,2004,13(4):600-612.

[26] Wang Z,Simoncelli E P,Bovik A C. Multiscale structural similarity for image quality assessment [C]. Conference Record of the Thirty - Seventh Asilomar Conference,2003:1398-1402.

[27] Wang Z, Li Q. Information Content Weighting for Perceptual Image Quality Assessment[J]. IEEE Transactions on Image Processing, 2011, 20(5): 1185-1198.

[28] Sheikh H R, Bovik A C, Veciana G, et al. An Information Fidelity Criterion for Image Quality Assessment Using Natural Scene Statistics[J]. IEEE Transactions on Image Processing,2006,14(12):2117-2128.

[29] Henriksson L, Hyvarinen A, Vanni S. Representation of Cross - Frequency Spatial Phase Relationships in Human Visual Cortex[J]. Journal of Neuroscience,2009,14342-14351.

[30] Zhang L,Zhang L,Mou X Q,et al. FSIM:a feature similarity index for image quality assessment [J]. IEEE Trans on Image Processing, 2011, 20(8):2378-2386.

[31] Wang Z, Simoncelli E P. Reduced - Reference Image Quality Assessment Using A Wavelet - Domain Natural Image Statistic Model [J]. Proceedings of SPIE The International Society for Optical Engineering, 2005, 5666:149-159.

[32] Lu W, Gao X, Li X, et al. An image quality assessment metric based contourlet[C]. IEEE International Conference on Image Processing,2008.

[33] Moorthy A K, Bovik A C. A two - step framework for constructing blind image quality indices[J]. Signal Processing Letters,2010,17(5):513-516.

[34] Moorthy A K, Bovik A C. Blind Image Quality Assessment: From Natural Scene Statistics to Perceptual Quality[J]. IEEE Transactions on Image Processin,2011,20(12):3350-3364.

[35] Saad M A,Bovik A C,Charrier C. A DCT Statistics-Based Blind Image Quality Index[J]. IEEE Signal Processine Letters. 2010. 17(6):583-586.

[36] Saad M A, Bovik A C, Charrier C. Blind image quality assessment: a natural scene statistics approach in the DCT domain[J]. IEEE Transactions on Image Processing, 2012, 21(8): 3339 - 3352.

[37] Ruderman D L. The statistics of natural images [J]. Network: Computation in Neural Systems, 1994, 5(4): 517 - 548.

[38] Mittal A, Moorthy A K, Bovik A C. No - reference image quality assessment in the spatial domain[C]. IEEE Transactions on Image Processing, 2012, 21(12): 4695 - 4708.

[39] Mittal A, Soundararajan R, Bovik A C. Making a 'Completely Blind' image quality analyzer [J]. IEEE Signal Processing Letters, 2013, 20(3): 209 - 212.

[40] Lin Z, Lei Z, Bovik A C. A feature - enriched completely blind image quality evaluator[C]. IEEE Transactions on Image Processing, 2015, 24(8): 2579 - 2591.

[41] Kim J, Nguyen A D, Lee S. Deep CNN - Based Blind Image Quality Predictor[J]. IEEE Transactions on Neural Networks and Learning Systems, 2019, 30(1): 11 - 24.

[42] Ma K, Liu W, Zhang K, et al. End - to - end blind image quality assessment using deep neural networks [J]. IEEE Transactions on Image Processing, 2017, 27(3): 1202 - 1213.

第 3 章　雾天侦察图像清晰化及质量评价

由于雾霾天气的存在，如何降低或滤除其对拍摄图像的影响成为人们普遍关注的课题。在侦察图像中除了雾霾的影响外，有时候人们也将低空飞行遇到的薄云看作同类问题加以研究。本章重点分析了雾天图像的光学模型、清晰化处理过程以及对其效果进行评价的方法。

3.1　雾天侦察图像及光学模型

雾霾条件下，从目标物反射的光传达到图像采集器的过程中常常与大气中的悬浮微粒发生交互影响，从而导致光强度与路径等发生改变。辐射、散射与吸收是光和粒子的三种主要交互作用，其中散射是导致图像降质的主要原因。1975 年，McCartney 理论对目标物成像过程中大多数情况下能够通过入射光（Attenuation）衰减模型以及环境光（Airlight，也即大气光成像模型）模型加以分析。

雾霾天采集到的图像对比度下降、亮度偏高、颜色失真、细节丢失严重、清晰度不高，影响人眼视觉效果。图 3-1 中(a)～(c)是雾霾浓度依次增高的雾天图像，(d)～(f)是与(a)～(c)相对应的灰度直方图。通过灰度直方图可以看出，随着雾霾浓度的增高，直方图集中的范围变窄，对应的能见度降低，表明图像的细节越来越模糊。

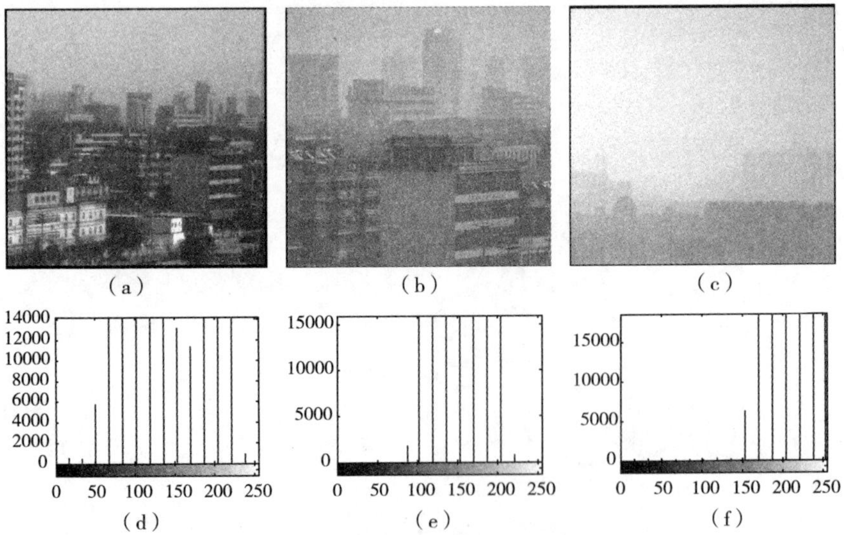

图 3-1　不同雾霾浓度图像及灰度直方图对比

注：(d)～(f)中的横坐标表示灰度值，纵坐标表示像素数量

3.1.1　雾天侦察图像特点

雾是一种自然现象，是空气中大量水蒸气凝结的产物，而霾则是气象条件与污染物共同作用的产物。从气象学角度来说，相对湿度低于 80%，同时视野模糊并影响能见度的天气现象确定为霾现象；相对湿度大于 90%，同时视野模糊并影响能见度的天气现象确定为雾现象；相对湿度为 80%～90%，同时视野模糊并影响能见度的天气现象确定是由霾与雾的混合物造成的，但其主要成分是霾。从图像角度来说，雾霾遮掩了场景，形成了许多反射面，使得大部分入射光线被反射出来，因此雾霾天气拍摄图像饱和度降低，仿佛蒙上一层白纱，湮没了图像的结构、纹理、颜色、边缘等视觉特性。然而雾霾样式的随机性使得雾失真的图像子块大小不一且形状复杂，带来了更多随机信息。同时，雾霾增加了图像的通道信息，使画面变亮。由于雾霾的随机性和特殊性，其对图像质量造成的影响较为复杂，从图像信息融合角度可大致分为：

(1)破坏了图像的原有信息。由于图像的结构信息可解释为图像中能量足够大的中高频成分，雾的出现破坏了图像的结构信息，对于场景目标的细节和纹理也造成影响，在遮断边缘的同时，造成场景颜色丧失以及其他一些视觉信息的丢失。

(2)增添了一些信息。雾霾的存在可看作增添了相关通道信息，视觉上相当于增添了“蒙版”，增加了图像的整体亮度。

(3)衍生出新信息。由于雾霾粒子的综合作用，雾霾天气图像衍生出一些乘性信息，例如雾霾噪声，模糊了图像，降低了图像的对比度。从影响图像失真的角度来说，雾霾可以看作一种新的失真类型，称为“雾霾失真”。从现有文献来看，已有学者将“雾霾失真”作为一种常见的失真类型纳入图像处理的范畴。

3.1.2　入射光衰减模型

入射光在空间的传输过程中，由于大气中悬浮颗粒的散射作用，部分光线散射到不同方向而发生了衰减现象，即大气衰减模型，如图 3-2 所示。

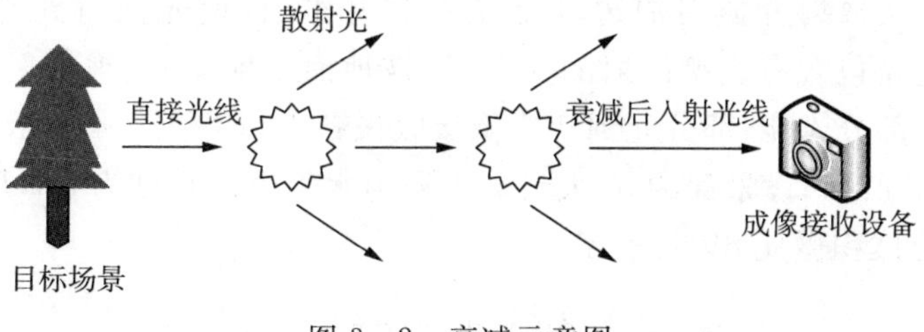

图 3-2　衰减示意图

根据衰减模型描述，如图 3-3 所示，假设一束平行光穿过厚度大小为 $\mathrm{d}x$ 的散射介质，当测量者站在与入射光角度为 θ 的位置时，所接受到的光线强度 $I(\theta,\lambda)$ 可表示为

$$I(\theta,\lambda)=\beta(\theta,\lambda)E(\lambda)\mathrm{d}x \tag{3-1}$$

其中，$I(\theta,\lambda)$ 指单位体积内接受到的辐射光通量；λ 指的是可见光的波长度；$\beta(\theta,\lambda)$ 指角散射系数，即每单位体积内大气的散射系数；$E(\lambda)$ 指单位横截面积流过的入射强度光通量。那么光束的辐射强度在 x 处的能量改变量可以表示为：

$$\frac{\mathrm{d}E(x,\lambda)}{E(x,\lambda)}=-\beta(x,\lambda)\mathrm{d}x \tag{3-2}$$

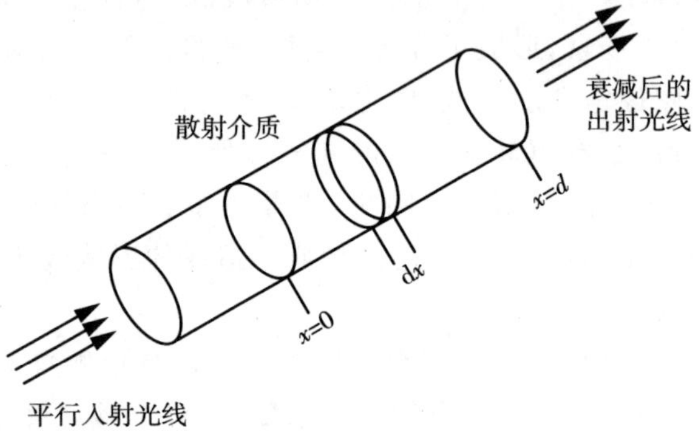

图 3－3　入射光衰减模型示意图

设景深为 d，通过对式(3－2)两边进行积分可得反射的光线经过大气粒子散射发生衰减作用后到达成像设备的光通量。

$$E(d,\lambda)=E_0(\lambda)\mathrm{e}^{-\beta(\lambda)d} \tag{3-3}$$

由式(3－3)可以看出大气散射引起图像衰减水平跟场景的景深有很大的关系，随着场景深度增加呈现指数型规律衰减。

3.1.3　环境光衰减模型

环境光模型又称为大气光成像模型，是由周围空气环境光引起的衰减，空气中的悬浮微粒充当散射介质对周边环境光有散射作用，使光散射到空间的各个方向。周围环境光包含有直接照射的太阳光、被地面反射的光、被散射的太阳光等，因此会损耗一部分光能，部分光到达成像接收设备中，如图 3－4 所示。

如图 3－5 所示，设景深为 d，大气点光源与水平方向角度为 $\mathrm{d}\omega$，那么在离成像设备 x 处单位体积微元 $\mathrm{d}V$ 可表示为

$$\mathrm{d}V=\mathrm{d}\omega x^2\mathrm{d}x \tag{3-4}$$

若忽略不计单位体积上发生的环境光线衰减，则沿着摄像机方向上的光强度微元为

$$\mathrm{d}I(x,\lambda)=\beta(\lambda)\mathrm{d}V=\beta(\lambda)\mathrm{d}\omega x^2\mathrm{d}x \tag{3-5}$$

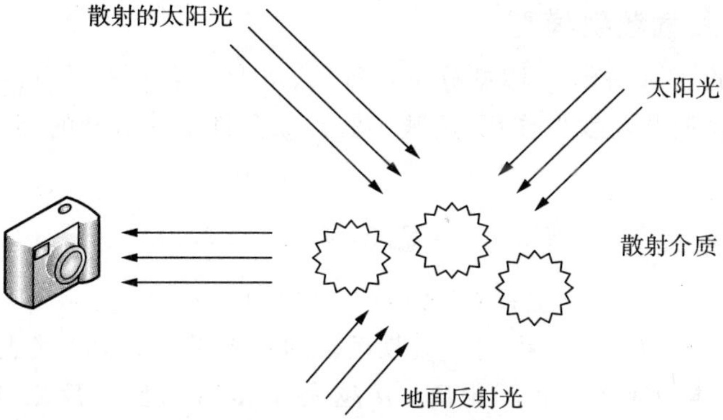

图 3-4　大气光成像示意图

其中，$\beta(x)$ 指大气散射物理系数，总光强度微元 $\mathrm{d}I(x,\lambda)$ 经过大气衰减后，成像设备接收到的光通量为

$$\mathrm{d}E(x,\lambda)=\frac{\mathrm{d}I(x,\lambda)\mathrm{e}^{-\beta(\lambda)x}}{x^2} \tag{3-6}$$

可得单位角度光通量为

$$\mathrm{d}L(x,\lambda)=\frac{\mathrm{d}E(x,\lambda)}{\mathrm{d}\omega}\frac{\mathrm{d}I(x,\lambda)\mathrm{e}^{-\beta(\lambda)x}}{\mathrm{d}\omega x^2} \tag{3-7}$$

将式(3-5)代入式(3-7)中并积分，则距离 d 处大气光到达成像设备环境光表达式为

$$L(d,\lambda)=L_\infty(\lambda)[1-\mathrm{e}^{-\beta(\lambda)d}] \tag{3-8}$$

其中，$L_\infty(\lambda)$ 为辐射最大值，即为无穷远处时 $L_\infty(\lambda)=L(\infty,\lambda)$。

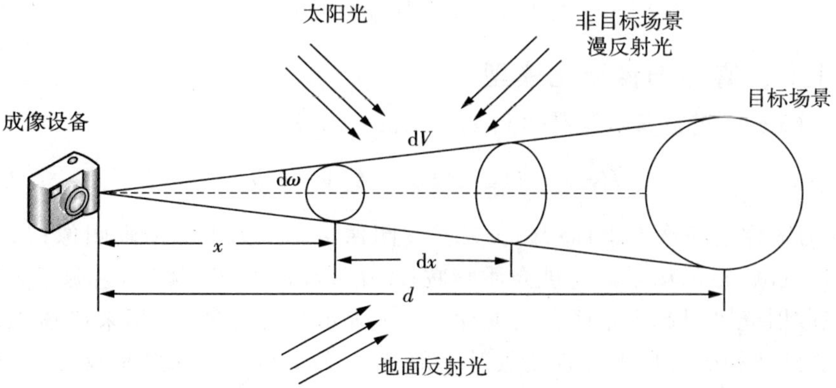

图 3-5　环境光成像模型

3.1.4 大气散射模型

根据著名的 McCartney 模型分析，可以确定大气散射模型通过入射光衰减模型以及环境光模型共同发生作用，反映了雾霾天条件下获取到的图像信息，其数学关系为

$$E(d,\lambda)=E_{dt}(d,\lambda)+L(d,\lambda) \tag{3-9}$$

其中，$E_{dt}(d,\lambda)=E_0(\lambda)e^{-\beta(\lambda)d}$；$L(d,\lambda)=L_\infty(\lambda)[1-e^{-\beta(\lambda)d}]$。

在式(3-9)中，$E(d,\lambda)$ 指到达接收设备的总光强；$L(d,\lambda)$ 代表环境光模型；d 为景深，即目标体到成像设备间距离。d 越大，$E(d,\lambda)$ 越大；反之越小。$E_{dt}(d,\lambda)$ 指入射光衰减模型，随着目标体到成像设备间距离 d 的增加而呈指数型衰减。大气散射物理模型是研究雾霾天图像清晰化处理的理论依据，为了方便理解，对大气散射物理模型进行简化，简化后的模型如图 3-6 所示。

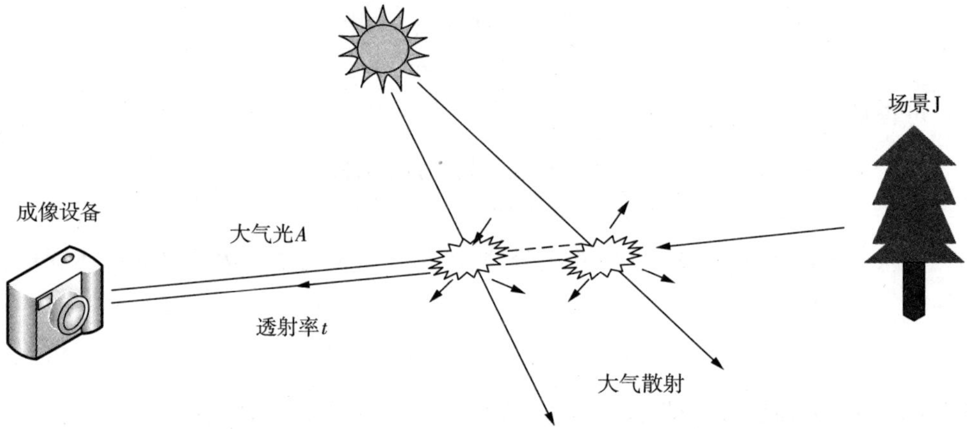

图 3-6 大气散射物理模型

3.1.5 雾霾图像退化模型

对式(3-9)进行参数代替可得 Koschmieder 公式：

$$I(x)=J(x)t(x)+A[1-t(x)] \tag{3-10}$$

其中，x 为图像空间像素坐标；$I(x)$ 为雾霾图像；$J(x)$ 为无雾清晰图像；$J(x)t(x)$ 表示直接衰减，指示场景如何被介质衰减；$A[1-t(x)]$ 为环境光，它源于先前散射的光，该散射光可引起场景颜色的变化；$t(x)$ 表示环境透射率，用来描述光线通过传输介质到达相机过程中没有被散射的部分。$t(x)$ 与场景深度呈反比，可以表示为 $t(x)=\exp[-\beta d(x)]$，其中 β 为大气散射系数，$d(x)$ 为场景深度，即场景到相机间的距离。

3.2　雾天侦察图像清晰化技术

3.2.1　基于大气散射模型的图像复原

实现雾天图像的复原，关键在于求解式(3-9)中的 $e^{-\beta d}$。因为在一般的图像中，β 和 d 的值都是未知的，所以目前主流的基于大气散射模型的雾天图像复原研究的重点都在于如何估计 $e^{-\beta d}$ 的值。在众多学者的研究下，这部分工作取得了很大的进展，但是都需要借助其他设备或手段来获得场景的深度信息，例如，借助仪器测量每个场景点到图像传感器的距离，或者通过计算机技术进行建模模拟真实的场景分布。其他一些方法则借助多张同场景不同天气下的图像，通过预先拍摄的清晰图像来得到准确的场景深度信息。这些方法在面对复杂场景，或者场景没有先验信息的情况下，难以应用或使用成本高昂，实用价值不大。由于图像去雾实质只需反映图像中不同场景的相对深度，因此如何避免直接对场景深度的求解，得到场景点之间的相对深度成为研究的方向。其中，利用暗原色先验来估计 $e^{-\beta d}$ 的方法最具有实用价值，实现过程简单，效果非常理想。

3.2.2　基于暗原色先验的图像复原

基于暗原色先验的雾天图像复原是 He 提出的一种雾天图像自适应处理的方法。这种方法创造性地提出了一种场景深度的估计方法，使得图像去雾真正进入实用阶段。

1. 暗原色先验理论

2009 年，He 等人提出暗原色先验理论，其根据对大量户外拍摄的彩色图像的统计规律得出：在绝大多数不含天空的局部区域内，某一些像素总会有一个颜色通道具有很低的值，称为暗原色。对于任意图像 J，其暗原色数学模型可描述为：

$$J_{\mathrm{dark}}(x)=\min_{y\in\Omega(x)}\left[\min_{c\in\{r,g,b\}}J^{c}(y)\right] \tag{3-11}$$

其中，J^c 为 J 的任意一颜色通道；$\Omega(x)$ 表示以 x 为中心的矩形窗口，在 He 的文章中取窗口为15×15进行滤波。暗通道先验理论指出，若 J 为无雾图像，则图像暗通道 $J_{\mathrm{dark}}(x)$ 可趋近于 0。图 3-7 通过两幅户外的彩色不含天空的图像对暗原色先验进行了验证。

其中，图 3-7(a_1)为野外的场景，里面有山林、树木、流水、人等多种场景。其得到的暗原色图整体偏暗，如图 3-7(a_2)所示，直方图中暗原色值主要集中在趋近于零的部分，如图 3-7(a_3)所示。图 3-7(b_1)为城市场景，里面有建筑、车辆、道路等场景，其得到的暗原色如图 3-7(b_2)所示，除了图像中左上方的建筑和中间的走廊部分值稍大外，其他部分值都趋向于零，其暗原色通道的直方图反映了这种趋势，如图 3-7(b_3)所示。其整体的亮度分布都集中于很低的值，证明了暗原色先验的正确性。

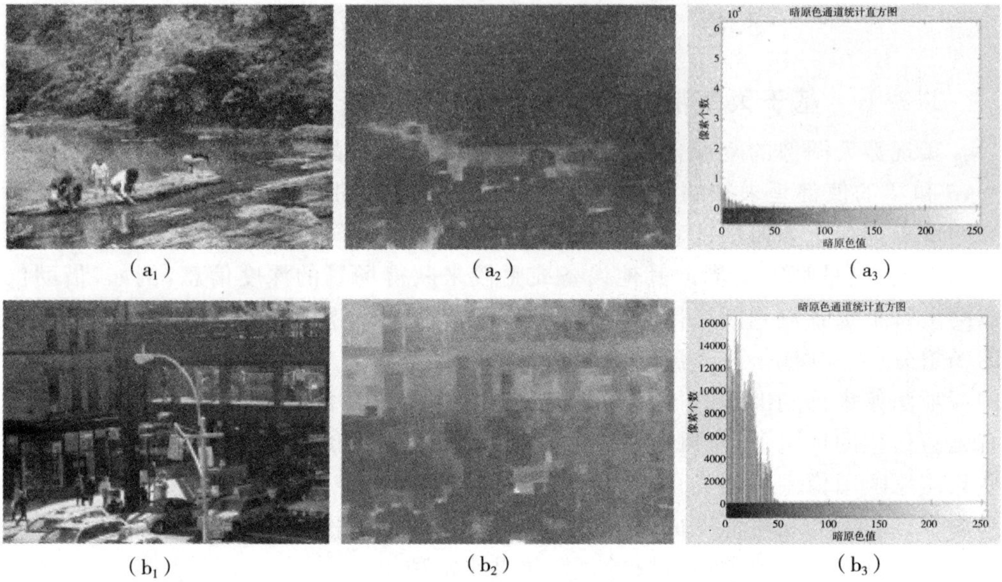

图 3-7　暗原色先验实验图

(a_1)、(b_1)为户外彩色无天空图像;(a_2)、(b_2)为对应的暗原色图;(a_3)、(b_3)为暗原色图的直方图

根据上述结果可知,在经过处理得到暗原色通道后,大部分像素的亮度接近于零。那些亮度较高的像素,其值应该来自天空或者灰白色的场景。对于由 RGB 三原色构成的彩色图像,暗原色的主要来源有:

(1)建筑、树木、山体等场景的阴影;

(2)色彩鲜艳的物体本身会存在某个通道值很低的情况,例如绿色的草地、红色的花、蓝色的水面;

(3)本身颜色较暗的物体,如灰褐色的石头等。

由于以上三种情形在图像中经常出现,因此,暗原色先验理论对绝大部分图像都是适用的。但对于白色的建筑、天空等较亮的区域,暗原色先验理论则失效。因为得到的暗原色图看起来近似于雾浓度的分布,所以本章利用这个特性来研究雾气和大气光对图像的影响。

2. 暗原色去雾原理

上节提到,天空亮度一般选取图像中最亮的点作为估计。但是这种方法并不准确,图像中最亮的点不一定在天空区域,在图像中,也可能存在一些拥有很大亮度值的非天空的点,在这种情况下天空的亮度值就可能估计错误。例如,白色的房子或者白色的汽车,都有可能被当作天空亮度参与计算。为了避免这种情况的发生,He 用雾最浓的点的值作为天空亮度的近似。提取暗原色通道中最亮的一些像

素点，其数目是像素点总数的 0.1%，并将它们在输入图像中对应的最大亮度值作为天空亮度的估计。在暗原色里面寻找最亮的像素点可以尽量排除单个像素点或者很小一个区域的值超出天空区域值的情况，避免这些区域的点被当成天空亮度。暗原色里最亮的像素点，基本就是受雾影响最重的区域和点，一般就是最远处的天空区域。通过暗原色通道的最大的那些值基本上就是天空区域对应的位置，因此，再在这些区域寻找最大值，作为天空亮度的估计，可以保证其准确性。

对于 $e^{-\beta d}$，He 基于暗原色先验得到透射率分布估计方法如下。

定义 $t(x)=e^{-\beta d(x)}$ 为场景透射率。

步骤 1：假设在每一个局部区域内，所有像素点的透射率是一致的，如果天空亮度已知，在局部窗 $\Omega(x)$ 的所有通道内求 $E(y)/I_\infty$ 的最小值，即

$$\min_{c\in(r,g,b)}\{\min_{y\in(r,g,b)}[E^c(y)/I_\infty^c]\}=\tilde{t}(x)\min_{c\in(r,g,b)}\{\min_{y\in(r,g,b)}[R^c(y)/I_\infty^c]\}+[1-\tilde{t}(x)] \quad (3-12)$$

其中，$\tilde{t}(x)$ 代表中心像素点在 x 处的局部窗；E^c、R^c、I_∞^c 分别是退化图像 E、无雾图像 R 以及天空亮度 I_∞ 的单个颜色通道的值。等号左边的式子即代表得到的归一化的暗原色通道。

步骤 2：根据暗原色先验统计，在无雾图像局部区域内至少存在一个暗原色通道 R^{dark}，并令其为 0，即

$$R^{\text{dark}}(x)=\min_{c\in(r,g,b)}\{\min_{y\in(r,g,b)}[R^c(y)]\}=0 \quad (3-13)$$

由于 I_∞^c 恒正，自然也有

$$\min_{c\in(r,g,b)}\{\min_{y\in(r,g,b)}[R^c(y)]/I_\infty^c\}=0 \quad (3-14)$$

步骤 3：将式(3-14)代入式(3-12)，即可得到场景透射率的初估计：

$$\tilde{t}(x)=1-\min_{c\in(r,g,b)}\{\min_{y\in(r,g,b)}[E^c(y)/I_\infty^c]\} \quad (3-15)$$

由此，可得到对于 t 值的初始估计。如图 3-8(b) 所示，由于暗原色为局部区域内最暗的点，因此最后得到的 t 值图由很多方块组成，存在明显的方块效应。图中已经完全看不出原图场景间的边缘，因此该图并不能准确反映场景深度的分布，还需要进行修正。

步骤 4：利用抠图技术将 $\tilde{t}(x)$ 进行平滑处理和修正。通过软抠图的思想，计算 Laplacian 矩阵得到场景透射率的最终估计 $\tilde{t}(x)$，通过有雾图像 $E(x)$ 的输入，便可得到无雾图像 $R(x)$。

He发现软抠图模型与大气散射模型在形式上具有一致性，抠图即将图像的前景从背景中分离出来的技术，图像软抠图模型定义为：

$$I = \alpha F + (1-\alpha)B \tag{3-16}$$

其中，I 为原始图像；F 为其前景；B 为背景；α 为透明度，$\alpha \in [0,1]$。当 $\alpha=0$ 时，表示该点前景透明，为背景点的组成部分；反之，当 $\alpha=1$ 时，表示背景透明，该点属于前景。该软抠图方程与去雾方程在形式上是一样的。抠图的过程就是根据上面方程求解 α、F 和 B 的值。应用到去雾模型中去，即相当于求取 t、R、I_∞ 的值。因此，根据 A. Levin 的抠图方法，该方程的解相当于求解下面的最小化代价函数：

$$E(t) = \boldsymbol{t}^{\mathrm{T}}\boldsymbol{L}t + \lambda(\tilde{\boldsymbol{t}} - \hat{\boldsymbol{t}})^{\mathrm{T}}\boldsymbol{U}(\tilde{t} - \hat{t}) \tag{3-17}$$

其中，λ 为规则化参数；$\boldsymbol{U}$ 是上面局部窗口大小的 $N \times N$ 单位矩阵；$\boldsymbol{L}$ 为 $N \times N$ 的拉普拉斯抠图矩阵；L 的第 (i,j) 个元素定义如下：

$$\sum_{k|(i,j)\in w_k}\left\{\delta_{ij} - \frac{1}{|w_k|}\left[1 + (\boldsymbol{I}_i - \boldsymbol{\mu}_k)^{\mathrm{T}}\left(\sum k + \frac{\varepsilon}{|w_k|}U_3\right)^{-1}(\boldsymbol{I}_j - \boldsymbol{\mu}_k)\right]\right\} \tag{3-18}$$

其中，$\boldsymbol{I}_i$、$\boldsymbol{I}_j$ 是输入图像在像素点 i、j 处的颜色矢量；δ_{ij} 为克罗内克函数；μ_k 和 $\sum k$ 分别为在窗口 w_k 内的均值和方差；$\boldsymbol{U}_3$ 是一个窗口的单位阵；ε 是正则化参数；$|w_k|$ 为窗口 w_k 内像素的个数；i，j 指图像的坐标；k 指第 k 个窗口。

最优解可以通过解如下的稀疏线性方程组得到：

$$(\boldsymbol{L} + \lambda\boldsymbol{U})\tilde{t} = \lambda\hat{t} \tag{3-19}$$

其中，$\boldsymbol{U}$ 是与 $\boldsymbol{L}$ 同阶的单位阵；$\lambda = 10^{-4}$。

根据式(3-19)，得到修正后的 t 值图如图3-8(c)所示。由此发现，修正后的 t 值图具有较原图中准确的边缘，并且同场景的景深较为平滑，能准确反映图像中场景的深度变化情况。再利用大气散射模型，即可得到退化前的目标图像R。

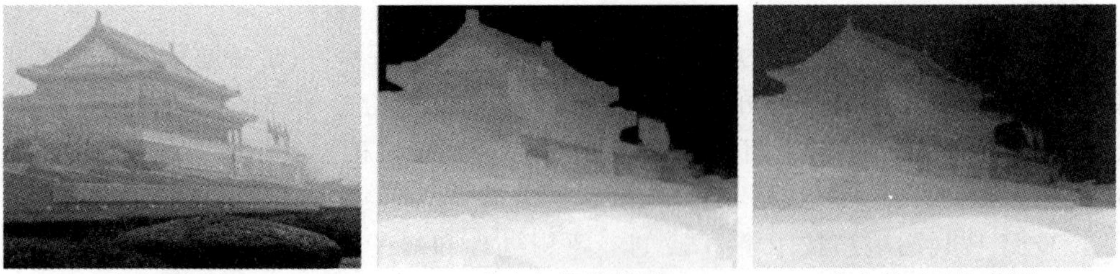

(a) 有雾图像　　(b) 初始的 t 值图　　(c) 修正后的 t 值图

图3-8　有雾图像的透射率图

3.2.3　基于改进暗通道先验方法的雾去除算法

雾天图像中避免不了会出现天空区域、房顶和水体等其他明亮区域，此时 He 方法无法准确估计这些区域的透射率，导致恢复图像出现色彩失真。同时，该方法在透射率求算上采用的软抠图技术涉及庞大的稀疏方程组，使得算法具有很高的时间复杂度，不具有实时性，因此不能直接用于无人机航拍图像云雾的去除。本节针对这两个问题对传统的暗通道先验算法进行改进，使其更适合于航拍图像的去薄云雾场景。

1. 四叉树算法估计大气光

He 估计大气光强的方法在图像不含天空等明亮区域时结果较为准确，但航拍设备在拍摄过程中不可避免地会遇到天空区域、大面积水体或偏白色的建筑物等明亮区域，导致估计结果不准确。Kim 等人发现，天空区域中的像素亮度变化（方差）总体较小，基于此认识，提出了可靠性更强、效率更高的四叉树层次搜索算法来估计大气光，效果如图 3－9 所示，具体做法如下：

（1）将图像等分为四个矩形区域，分别计算这些区域内像素的平均值减去标准差，作为评分指标。

（2）选择上述评分最高的区域，重复步骤（1），直到被选中的区域尺寸小于设定阈值。

（3）在选取的最小区域中，选择使距离 $\|[I_r(p), I_g(p), I_b(p)]-(255,255,255)\|$ 最小的颜色矢量（包括 R、G、B 三个通道）作为大气光强。

图 3－9　四叉树算法示意图

2. 改进透射率求取

(1)基于降采样、插值算法求取透射率

暗通道算法求得的透射率精度比其他算法更为精细,但处理时间过长,不能满足航拍图像去雾的实时性要求。为进一步提升算法的运行速率,在一定程度内稍微降低精度,理论上对去云雾效果不会带来太大影响。我们改为先对原始图像的降采样图像进行透射率估计,然后通过插值得到原图的透射率,实验证明,该方法大大提升了算法的实时性,而在视觉上去云雾效果和原方法差别不大。需要注意的是采样率的合理设置,比如采用 1/2 倍缩小原图,在处理速度上效果不明显;若采样率过大,则会严重降低去云雾效果。经过试验验证,采用 1/9 缩放既可以得到满意的去云雾效果,也能满足实时性要求。

(2)引入容差修正透射率

研究式(3-15)发现:当 I 与 A 越接近时,也就是明亮区域越接近大气光时,透射率则会越小,导致天空等明亮区域的透射率估计值过小。我们采用容差机制可得修正透射率:

$$J(x)=\frac{I(x)-A}{\min\{\max[K/|I(x)-A|,1]\cdot\max[t(x),t_0],1\}}+A \qquad (3-20)$$

其中,K 为容差,当 $|I(x)-A|<K$ 时,认为这个区域可能是天空,增加这个区域的透射率;若 $|I(x)-A|>K$,则认为是符合暗通道先验的区域,透射率不变;$K=0$ 时,则相当于原始的透射率公式。

(3)快速引导滤波细化透射率

引导滤波和双边滤波同样具有保边特性,且在细节上效果更好。本节应用快速引导滤波加速透射率的细化过程,在下采样率为 s 时,算法的时间复杂度可以从 $O(n)$ 降低到 $O(n/s^2)$,这里应用这一研究成果。

3.2.4 清晰化实验结果

分别选取含天空区域和不含天空区域各 4 张图像进行实验分析,测试图像有俯拍也有侧拍视角,有自然景观也有城市景观。为了测试算法的去云雾效果,与 5 种典型算法进行比较:带颜色恢复的多尺度 Retinex 算法(MSRCR)、Tarel 等人的方法、He 等人的方法、Meng 等人的方法和 Zhu 等人的方法。考虑到航拍图像去云雾工作的高效性,Meng 等人的方法采取算法中的自动获取大气光的模式,而不是手动选取云雾浓度最大的区域;为避免失真和达到更好的去云雾效果,Zhu 等人的方法中 β 选择为 1.5。

1. 主观分析

(1)含天空区域图像去云雾对比分析

图 3-10 给出了含天空区域图像的去云雾对比图,其中第一幅图天空区域占比小于 1/2,第二幅天空区域占比大于 1/2,第三、四幅图约为 1/2。

观察图 3-10(b)可以看出，MSRCR 方法对于原图较暗的区域处理会使这部分变得更暗，导致辨识度降低，同时在天空区域也会产生失真和 halo 效应。用 Tarel 等人的方法处理第一幅城市图像时出现明显的过饱和现象，且图像上部天空区域出现 halo 效应，第二幅和第四幅图的高楼轮廓出现失真，第三幅图结果偏黄，如图 3-10(c)所示。He 等人的方法对于四幅图像的天空区域均出现色彩失真的现象，而且第一幅图出现 halo 效应，如图 3-10(d)所示。因为 Meng 等人的方法是在 He 等人的方法的基础上增加边界限制条件，没有实质解决暗通道先验对天空区域的不适性，所以处理结果和 He 等人的方法非常相近。用 Zhu 等人的方法处理天空区域稍好于前几种对比算法，但去云雾力度不够，在第三幅图中出现了色彩失真，同时也会模糊部分图像。从整体上来看，本章的算法去云雾效果最为良好，且对于天空区域都没有出现色彩失真、偏色等现象，而其他算法或多或少都出现了偏色、色彩失真或 halo 效应。

(a) 含天空区域原图

(b) MSRCR算法

(c) Tarel等人的方法

(d) He等人的方法

（e）Meng等人的方法

（f）Zhu等人的方法

（g）本章算法

图 3－10　含天空区域图像去云雾对比

(2)不含天空区域图像去云雾对比分析

图 3－11 为不含天空区域图像的去云雾对比图，其中第一、二幅图为侧拍视角，第三、四幅图为垂直俯拍视角。

经过观察图 3－11(b)发现，MSRCR 算法处理天空区域同样出现了加重较暗区域和色彩失真的问题。Tarel 等人的方法去云雾力度不够，第二幅图结果偏蓝，如图 3－11(c)所示。He 等人的方法总体去云雾效果比较良好，但第二幅图海岸上的树木区域亮度偏暗。Meng 等人的方法处理第三、四幅图结果出现偏色情况，且图像残留着一些薄雾。Zhu 等人的方法的去云雾结果总体较暗，去云雾效果不稳定。对比图 3－11(a)～(g)可以看出，本章算法对于不含天空区域图像的去云雾效果也表现良好，色彩还原度高，且在亮度表现上优于 He 等人的方法，更符合人眼视觉。

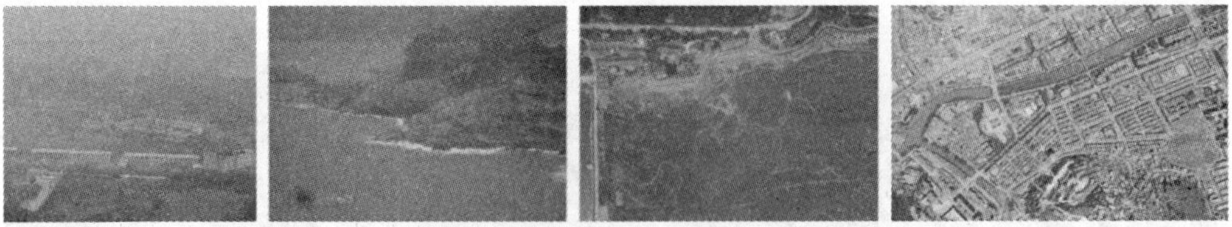

（a）不含天空区域原图

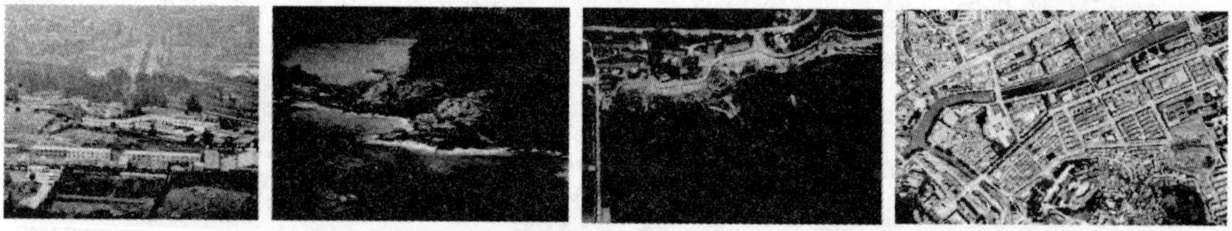

（b）MSRCR算法

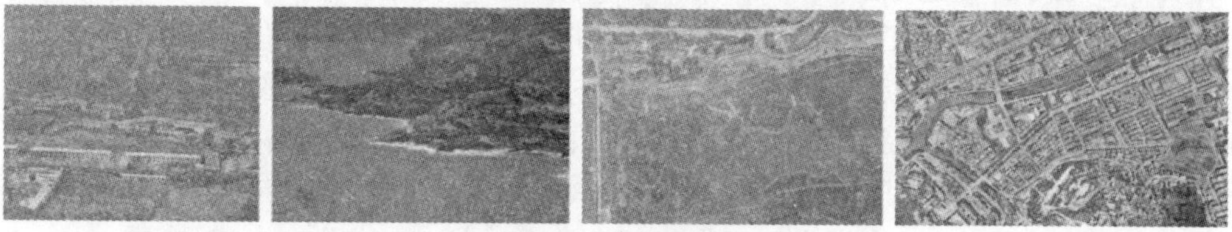

（c）Tarel等人的方法

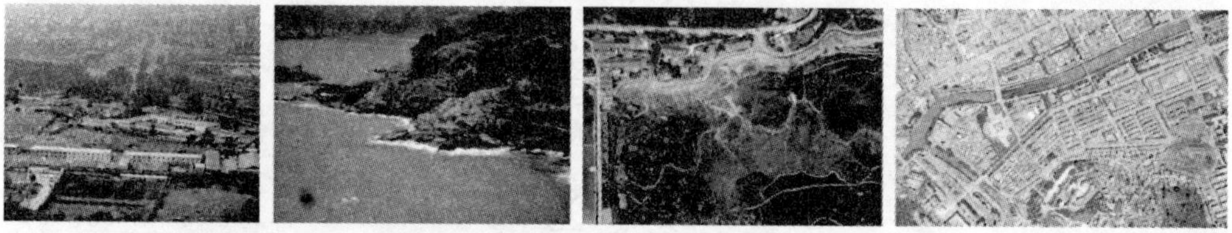

（d）He等人的方法

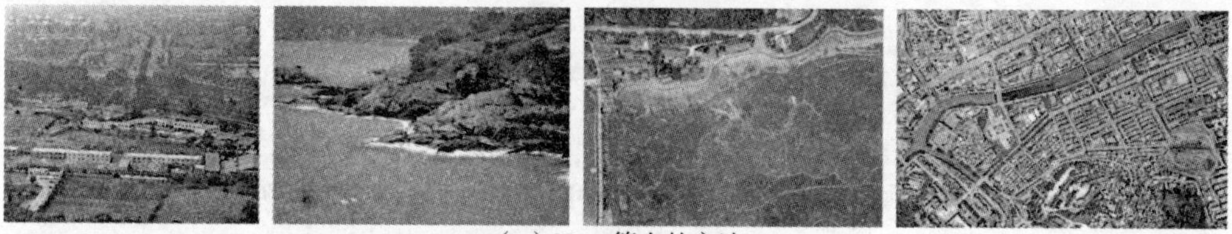

（e）Meng等人的方法

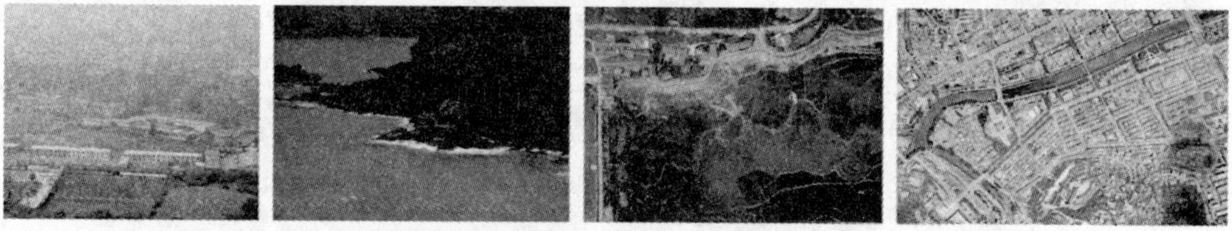

（f）Zhu等人的方法

（g）本章算法

图 3－11　不含天空区域图像去云雾对比

综合上述实验可以看出，本章算法对于无论包含天空区域与否的雾天图像都能取得比较满意的去云雾效果，证明该算法具有较强的适应性。

2. 客观评价

(1)去云雾效果定量分析

采用基于可见边的对比度增强评估算法和李大鹏等人提出的去云雾算法清晰化效果客观评价算法，进一步评价本章算法的去云雾效果。

基于可见边的对比度增强评估算法是由法国学者 Hautière 提出的，目前已成为图像去云雾评价中应用较广泛的算法之一，算法结合对数图像处理模型求取对比度，采取复原图像的新增可见边之比 (e)、可见边的规范化梯度均值($\bar{r}$) 和饱和黑色或白色像素点的百分比(σ) 三个指标评价去云雾效果，当e和$\bar{r}$越大、σ越小时，表明去云雾效果越好，其公式如下：

$$\begin{cases} e = \dfrac{(n_r - n_0)}{n_0} \\ \bar{r} = \exp[\dfrac{1}{n_r}\sum\limits_{P_i \in \Omega_r} \log r_i] \\ \sigma = \dfrac{n_s}{dim_x \times dim_y} \end{cases} \tag{3-21}$$

其中，n_r 和 n_0 分别表示恢复图像和原图中可见边数目；Ω_r 表示恢复图像的可见边集合；P_i 为恢复图像可见边的像素点；r_i 表示恢复图像在 P_i 处和原图 P_i 处的梯度之比；n_s 是饱和黑色或白色像素点的数目；dim_x 和dim_y 为图像的宽和高。

去云雾算法清晰化效果客观评价算法综合细节强度(L_{vaild})、色彩还原度(d_{correl}) 和结构信息(S) 这三个指标为一个最终的综合指标(Q)，算法表示如式(3-22)，其中 α、β、γ 为调节系数，我们取 $\alpha=\beta=\gamma=1$。Q 越大，去云雾效果越好。

$$Q = (L_{\text{vaild}})^{\alpha} \cdot (d_{\text{correl}})^{\beta} \cdot (S)^{\gamma} \tag{3-22}$$

表 3-1 和表 3-2 分别对应图 3-10 和图 3-11 中图像各算法去云雾效果参数。综合来看，本章算法取得了较好的评价参数。需要注意的是，在应用基于可见边的评价算法时，应确保较好的算法对于任一参数指标都能得到相同的评价结果，还需注意到其对于高质量去云雾评价的局限性，比如在表 3-1 中的图像编号 2 对比中，Tarel 等人的方法取得了最佳的参数，但并没有获得较好视觉效果，甚至还有偏色和假轮廓现象。综上，本章算法具有比较良好的去云雾效果。

表 3－1　图 3－10 中图像各算法去云雾结果参数对比

图像编号	评价指标	算法					
		MSRCR	Tarel	He	Meng	Zhu	本章算法
1 (500×500)	e	−0.0108	0.1056	0.0351	−0.0309	0.0089	−0.0073
	$\bar{r}$	1.1620	1.5531	1.4640	1.7022	1.2182	1.3702
	σ	0.0075	0.0001	0.0001	0.0002	0.0001	0.0001
	Q	0.1417	0.0882	0.1368	0.1410	0.1769	0.2017
2 (684×512)	e	0.2501	0.2764	0.0251	0.2713	0.0045	0.0969
	$\bar{r}$	1.2076	2.0683	0.9873	1.3775	0.9655	1.0870
	σ	0.0004	0.0000	0.0000	0.0000	0.0000	0.0000
	Q	0.2152	0.1861	0.2616	0.2701	0.3075	0.4620
3 (680×509)	e	1.1116	0.2753	0.4545	1.0649	0.1250	0.2553
	$\bar{r}$	2.3631	1.4497	1.5111	2.3800	1.0309	1.4175
	σ	0.0003	0.0000	0.0000	0.0000	0.0000	0.0000
	Q	0.1751	0.2972	0.2370	0.2179	0.2700	0.3800
4 (592×443)	e	0.2444	0.3963	0.1623	0.2795	0.2103	0.2410
	$\bar{r}$	0.5830	2.2351	0.9275	1.2504	0.9723	1.1881
	σ	0.0000	0.0000	0.0008	0.0000	0.0000	0.0014
	Q	0.1337	0.4761	0.3111	0.4471	0.3914	0.4666

表 3－2　图 3－11 中图像各算法去云雾结果参数对比

图像编号	评价指标	算法					
		MSRCR	Tarel	He	Meng	Zhu	本章算法
1 (600×525)	e	4.3538	1.8796	3.8944	3.9694	1.9064	4.0897
	$\bar{r}$	4.2425	2.5500	3.1090	3.7306	1.9717	3.2228
	σ	0.0000	0.0000	0.0000	0.0000	0.0000	0.0000
	Q	0.1547	0.1720	0.1782	0.1577	0.2508	0.1663
2 (800×600)	e	14.0698	4.3580	10.7986	8.9542	6.0579	12.7308
	$\bar{r}$	2.0348	2.3421	2.1457	2.7629	1.5459	3.3460
	σ	0.0000	0.0000	0.0002	0.0007	0.0000	0.0017
	Q	0.1501	0.2483	0.1743	0.1649	0.1649	0.1301

（续表）

图像编号	评价指标	算法					
		MSRCR	Tarel	He	Meng	Zhu	本章算法
3 (1200×900)	e	2.7703	0.6052	2.6805	1.8694	2.2484	2.4804
	$\bar{r}$	1.4904	1.7769	2.1336	1.9607	1.7986	3.2306
	σ	0.0001	0.0000	0.0000	0.0000	0.0000	0.0001
	Q	0.0691	0.0907	0.1035	0.1084	0.1161	0.1070
4 (800×534)	e	−0.0717	0.1252	−0.0614	−0.1132	−0.0609	−0.0721
	$\bar{r}$	1.6930	1.3128	1.4165	1.5774	1.3225	1.3872
	σ	0.0008	0.0002	0.0007	0.0005	0.0002	0.0004
	Q	0.0636	0.1222	0.1495	0.1361	0.1801	0.1559

(2)算法效率对比

本章算法的一个重点是加速航拍影像去云雾效率，提高算法的运行速度。从上述8张实验图像中选取典型分辨率，测试了各个算法的运行速度，见表3－3所列。可以看出Tarel等人的方法和He等人的方法去云雾耗时最多，随着图像尺寸的增大，耗时大大增加；本章算法耗时最少，相比He等人的方法提高了34倍左右，明显提升了去云雾效率。

表3－3　算法运行速度对比

图像尺寸/pixel	MSRCR	Tarel	He	Meng	Zhu	本章算法
500×500	1.00	8.93	9.20	4.02	1.92	0.28
684×512	0.97	18.33	13.22	4.22	1.98	0.38
800×600	1.24	38.87	19.07	5.84	2.59	0.58
1200×900	3.20	192.19	42.21	12.44	5.33	1.13

3.3　雾天侦察图像清晰化质量评价

基于物理成像模型和基于图像增强的图像去雾处理方法能够有效改善雾霾天气图像，达到去雾效果。本节将针对清晰化后的图像开展质量评价。

3.3.1　特征选取及模型构建

1. 基于空域自然场景统计特征

研究表明，自然场景统计能够显著地揭示失真图像的质量衰退程度，被广泛用于建立图像质量评价模型。因此为了准确描述去雾后图像的结构信息，引入基于空域自然场景统计的特性作为特征因子。Ruderman 研究认为，自然灰度图像的局部归一化亮度因子服从于高斯分布，可描述为：

$$I_{\mathrm{MSCN}}(i,j)=\frac{I_{\mathrm{gray}}(i,j)-\mu(i,j)}{\sigma(i,j)+1} \tag{3-23}$$

$$\mu(i,j)=\sum_{k=-K}^{K}\ \sum_{l=-L}^{L} w_{k,l} I_{\mathrm{gray}}(i+k,j+l) \tag{3-24}$$

$$\sigma(i,j)=\sqrt{\sum_{k=-K}^{K}\ \sum_{l=-L}^{L} w_{k,l}\left[I_{gray}(i+k,j+l)-\mu(i,j)\right]^2} \tag{3-25}$$

式(3 - 24) 和式 (3 - 25) 分别计算了图像的局部均值和方差，其中 $w=\{w_{k,l}\mid k=-K,\cdots,K;l=-L,\cdots,L\}$ 为二维循环对称高斯权重函数，定义 $K=L=3$，I_{gray} 为自然图像的灰度图。基于空域的自然场景统计能够描述图像结构的丰富程度。对于清晰图像，*MSCN* 值接近于高斯分布，且高度去相关，而失真图像的 *MSCN* 值则表现为非高斯性，并且包含显著的空间相关性，结果如图 3 - 12(b)所示。此外，清晰图像的相邻 *MSCN* 乘积的成对系数也呈现出规则结构，而失真图像的畸变则干扰了这种规则性，如图 3 - 12(c)所示。

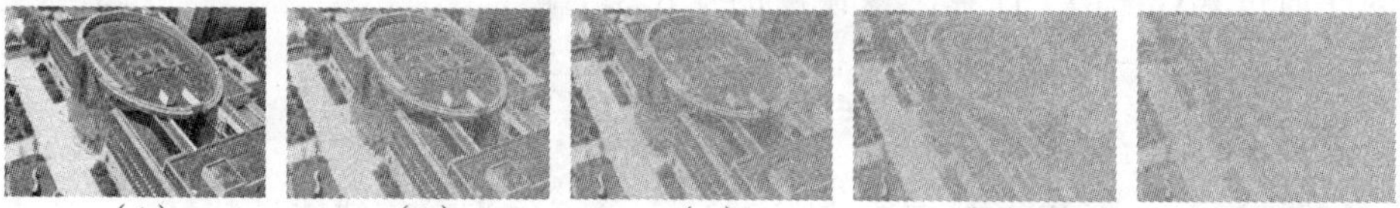

(1)　(2)　(3)　(4)　(5)

(a)

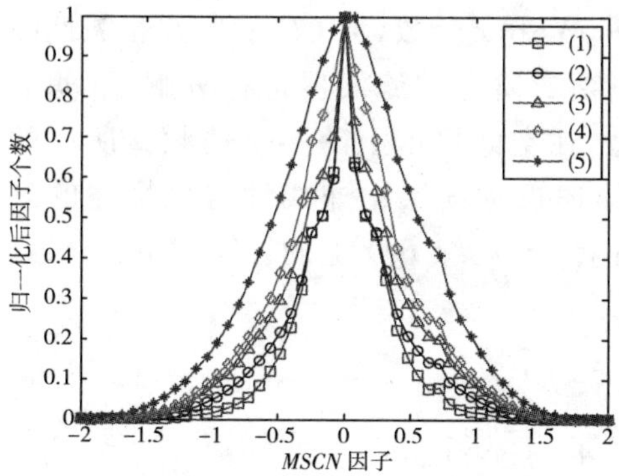

(b)

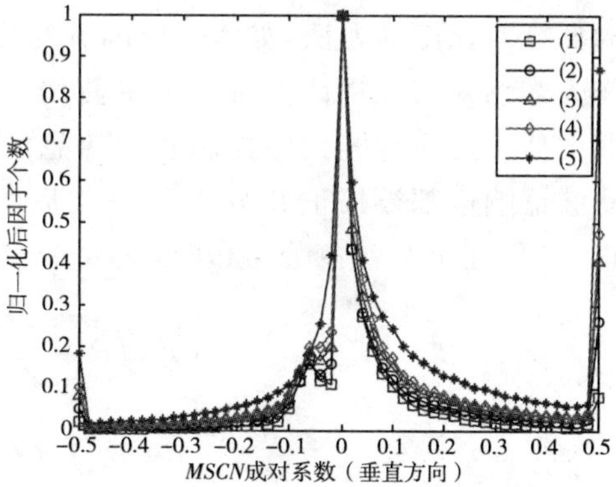

(c)

图 3 - 12　MSCN 系数直方图

(a)受不同雾影响的图像及其清晰图像，其中(5)为无雾图像；(b)为(a)所示图像的 *MSCN* 直方图；(c)为(a)中 *MSCN* 因子乘积在垂直方向上的成对系数直方图

2. 图像雾感知统计特征

前三个雾感知统计特征是从局部图像块计算出来的。从局部 *MSCN* 因子的空域 NSS 模型中提取与雾感知相关的有雾和无雾图像的低阶统计量。对于自然有雾图像，*MSCN* 因子的方差随着雾密度的增加而减小，清晰化后的图像方差相对较小，如图 3－12(b)所示。相邻 *MSCN* 因子的乘积的成对系数的经验密度沿垂直方向的左右两侧则呈现出规则的结构，如图 3－12(c)所示。因此提取了 *MSCN* 因子直方图的方差以及相邻 *MSCN* 因子乘积沿垂直方向的左右成对系数作为每个图像块的雾感知统计特征。实验表明沿其他方向计算出的成对系数也可作为统计参数，但由于雾的各向同性，对整个算法模型的性能并未提升，因此计算垂直方向上的乘积：

$$I_{\text{Vpair\_}MSCN}(i,j)=I_{MSCN}(i,j)\times I_{MSCN}(i,j+1) \tag{3-26}$$

其他雾感知统计特征是从对雾图像直接观测到的特征信息计算的，例如通过计算图像的局部锐度、对比度能量、图像熵、像素暗通道优先、HSV 色彩空间中的颜色饱和度获得低对比度、变淡的颜色、偏移的亮度信息。

式(3－26) 计算的局部标准差 $\sigma(i,j)$ 计算了图像的结构信息，可以用来量化图像的局部锐度，而图像的局部标准差是由式(3－23) 图像方差 $\mu(i,j)$ 变化而变化的，因此通过式(3－27) 计算图像锐度的变化率，即

$$\xi(i,j)=\frac{\sigma(i,j)}{\mu(i,j)} \tag{3-27}$$

局部标准差 $\sigma(i,j)$ 和锐度变换率 $\xi(i,j)$ 都可作为雾感知统计特征。

对比度能量(*CE*) 可以预测自然图像所感知的局部对比度。尽管有许多简单的计算对比度的方法，如 Michelson 对比度和 Weber 分数，但 *CE* 的感知相关性能作为雾感知统计特征。每个图像使用一组高斯二阶导数滤波器进行分解，该滤波器类似于皮质神经元中控制感知信息的模型，在空间尺度上跨多个倍频。所有的滤波器响应都被校正和分离归一化后用以描述视觉皮层中非线性对比增益的过程。*CE* 在单个颜色分量(灰度 *grayscale*、黄蓝 *yb*、红绿 *rg*) 上的计算如下：

$$CE(I_c)=\frac{\alpha\cdot Z(I_c)}{Z(I_c)+\alpha\cdot\kappa}-\tau_c \tag{3-28}$$

$$Z(I_c)=\sqrt{(I_c\otimes h_h)^2+(I_c\otimes h_v)^2} \tag{3-29}$$

其中，$c\in\{gray,yb,rg\}$ 代表颜色通道，计算公式为 $gray=0.299R+0.587G+0.114B$，$yb=0.5(R+G)-B$，$rg=R-G$；$\alpha$ 表示 $Z(I_c)$ 的最大值；κ 表示对比度增益；τ_c 为当前图像颜色通道的噪声阈值；符号 $\otimes$ 表示卷积；h_h 和 h_v 分别是高斯函数

的水平和垂直二阶导数。而后使用标准偏差为 0.12 的滤波器，滤波窗口为 20 个像素，对比度增益为 0.1。通过 Corel 库中的 1800 幅图像确定噪声阈值，在给定的尺度和增益下确定了数据集中的平均对比度标准偏差，具体的定义 *gray*、*yb*、*rg* 3 个通道的噪声阈值分别为 0.2353、0.2287 和 0.0528。

由于雾图像往往包含较少的细节，因此将图像熵（*IE*）作为雾感知特征：

$$IE(I) = -\sum_{\forall i} p(h_i)\log[p(h_i)] \tag{3-30}$$

其中，$p(h_i)$ 为从归一化直方图估计的像素强度 h_i 的概率。

暗通道先验（DCP）基于以下观察所得，即在大多数图像的非天空的区域里，某一些像素总会有至少一个颜色通道具有很低的值，即该区域的光强度的最小值是个很小的数。暗通道定义为：

$$I_{\text{dark}}(i,j) = \min_{c\in\{R,G,B\}} [I_c(i,j)] \tag{3-31}$$

其中，$c \in \{gray, yb, rg\}$ 代表颜色通道，I_{dark} 计算出值较高的区域代表天空或雾区或白色物体区域、较低值区域表示无雾。

为了计算颜色影响清晰化后场景的可见度，使用色彩饱和度作为雾感知特征。在比色法中，色彩是颜色与灰度间的差异程度，饱和度是颜色相对于其自身亮度的色彩程度。由于雾中散射的大气光引起场景颜色的偏移，颜色的饱和度和色度会随着雾浓度的增大而降低。将图像变换到 HSV 空间，使用饱和度通道计算色彩饱和度，色度（*CF*）可通过如下计算：

$$I_{\text{saturation}}(i,j) = I_{\text{HSV}}(i,j,2) \tag{3-32}$$

$$CF = \sqrt{\sigma_{rg}^2 + \sigma_{yb}^2} + 0.3\sqrt{\mu_{rg}^2 + \mu_{yb}^2} \tag{3-33}$$

其中，$\sigma_a^2 = \dfrac{1}{X}\sum_{x=1}^{X}(a_x^2 - \mu_a^2)$，$\mu_a^2 = \dfrac{1}{X}\sum_{x=1}^{X}a_x$，$yb = 0.5(R+G) - B$，像素点的范围为 $x = 1,\cdots,X$。

以上所提取的特征见表 3-4 所列。

表 3-4　特征因子

特征	特征描述	公式序号
f_1	*MSCN* 因子	(3-23)
f_2, f_3	垂直方向上 *MSCN* 因子的成对参量	(3-26)
f_4	图像锐度	(3-25)
f_5	图像锐度变化率	(3-27)

（续表）

特征	特征描述	公式序号
f_6, f_7, f_8	对比度熵（灰度、黄蓝、红绿）	(3-28)
f_9	图像熵	(3-30)
f_{10}	图像暗通道	(3-31)
f_{11}	HSV 空间色彩饱和度	(3-32)
f_{12}	色度	(3-33)

3. 图像块选择

在每个 $P \times P$ 图像块上计算表 3-4 中的 12 个雾感知特征。对特征 f_4、f_5、f_6、f_7、f_8、f_{10} 和 f_{11} 上计算每个图像块的平均值，对特征 f_1、f_2、f_3、f_9 和 f_{12} 则在图像块上直接结算获得结果。在获取图像块过程中定义 $P \times P$ 图像块分别为 $b=1,2,\cdots,B$，对每个特征因子 $f_m(i,j)$，计算

$$\begin{cases} f_{m,\max}(i,j) = \max\limits_{(i,j)\in 1,\cdots,B} [f_m(i,j)] \\ f_{m,\min}(i,j) = \min\limits_{(i,j)\in 1,\cdots,B} [f_m(i,j)] \end{cases} \tag{3-34}$$

对无雾的图像，则继续进行归一化：

$$f_m(i,j) = [f_m(i,j) - f_{m,\min}]/(f_{m,\max} - f_{m,\min}) \tag{3-35}$$

对于在图像块上计算的特征如 f_1、f_2、f_3、f_9 和 f_{12}，$\hat{f}_m(i,j)$ 用于块选择。对于特征 f_4、f_5、f_6、f_7、f_8、f_{10} 和 f_{11}，则对在特征序号 m 的 b 图像块再次用 $\hat{f}_m(i,j)$ 的平均值进行计算。这样所有的 $\hat{f}_m(i,j)$ 均满足 $0 < \hat{f}_m(i,j) < 1$。对于 $m=10$ 计算 $1-\hat{f}_m(i,j)$。采用上述计算过程，从无雾图像中获取图像块时选择在特征 $m=1、4、6、9、11$，$\hat{f}_m(i,j) > \text{mean}[\hat{f}_m(i,j)]$ 的图像块。类似地，为了从雾图像获得图像块，则计算相反的结果即可。

4. 质量评价模型构建

将待测的清晰化后图像分割成 $P \times P$ 块，在每一块上计算平均特征值，从而每一块会获得一组 12 维的雾感知特征。而后用 Mahalanobis 距离度量雾等级，该度量距离为从待测清晰化图像中提取的雾感知特征的 MVG 参数与自然无雾图像特征的 MVG 参数间的计算结果。MVG 概率密度为：

$$f(x) = \frac{1}{(2\pi)^{m/2} \left| \sum \right|^{1/2}} \exp\left[-\frac{1}{2} (\boldsymbol{x}-\boldsymbol{\mu})^{\mathrm{T}} \sum{}^{-1} (\boldsymbol{x}-\boldsymbol{\mu}) \right] \tag{3-36}$$

其中，x 表示图像的特征向量。通过公式最大似然估计过程可计算出参数 $\boldsymbol{\mu}$ 和 $\sum$。$\boldsymbol{\mu}$ 和 $\sum$ 分别表示均值和 m 维协方差矩阵，$\left|\sum\right|$ 和 $\sum^{-1}$ 分别表示矩阵的行列式和逆矩阵。$(\boldsymbol{\mu}_2, \sum_2)$ 和 $(\boldsymbol{\mu}_1, \sum_1)$ 分别为待测清晰化图像中提取的雾感知特征的 MVG 参数与自然无雾图像特征的 MVG 参数。

由于马氏距离能够考虑到数据间各种特性的联系，且不受尺度的限制，能够有效计算 2 个样本集的相似度，因此，最终计算出两组数据的马氏距离获得对雾天图像清晰化后图像的质量参数，即

$$q=\sqrt{(\boldsymbol{\mu}_1-\boldsymbol{\mu}_2)^{\mathrm{T}}\left[\frac{\sum_1+\sum_2}{2}\right]^{-1}(\boldsymbol{\mu}_1-\boldsymbol{\mu}_2)} \tag{3-37}$$

3.3.2　质量评价实验结果

1. 实验图像

为了从无雾图像中提取感知特征，从 LIVE 质量评价图像库和 Berkeley 图像分割测试库中选择了 500 幅自然无雾图像，这些图像包含有风景、森林、建筑、道路、动物等不同的内容信息，图像大小不等，如图 3-13 所示。

图 3-13　无雾图像库

由于清晰化实验结果数据较少，为了获取雾图像清晰化后图像的感知特征，采取了自行拍摄的雾图像以及网络获取的雾图像进行清晰化后获得的实验图像。雾图像与清晰化的图像从视觉感知上可认为是雾浓度由无雾、轻微到浓雾所共同构成了雾图像库，图像大小不等，共 500 幅，如图 3-14 所示。

为评估算法有效性，还给出了所有清晰化图像的平均主观评分差值(*DMOS*)。主观评价人员均无图像识别基础。参评人员共 10 人，年龄为 20～35 岁。其中，

图 3-14　雾图像库

DMOS 越高表示图像质量越差，*DMOS* 越低表示图像质量越好，且 *DMOS* 范围为[0,100]。

2. 主观一致性实验

为了验证算法主客观的一致性，对测试图像库分别使用本节算法和 7 种经典的无参考算法（BIQI、BLIINDS-Ⅱ、DIIVINE、BRISQUE、NIQE、IL-NIQE、QAC）进行质量评估，然后与 *DMOS* 比较评价算法性能。采用以下非线性补偿：

$$q(x)=\beta_1 l[\beta_2(x-\beta_3)]+\beta_4 x+\beta_5 \tag{3-38}$$

$$l(\tau,x)=\frac{1}{2}-\frac{1}{1+\exp(\tau x)} \tag{3-39}$$

用 3 个参数指标来测试算法性能：参数 1 为非线性回归后的算法测试分数与 *DMOS* 间的线性相关系数（*CC*）；参数 2 为非线性回归后的算法测试分数与 *DMOS* 间的均方根误差（*RMSE*）；参数 3 为斯皮尔曼相关系数（*SROCC*）。其中 *CC* 和 *RMSE* 可度量算法的准确性，及算法最小平均错误率预测 *DMOS* 的能力，*SROCC* 则为算法单调性度量，反映了算法测试值与 *DMOS* 一致的程度。*CC* 和 *SROCC* 值越大，算法测试值与 *DMOS* 相关性越好，*RMSE* 越小，模型测量误差越小。算法测试结果见表 3-5 所列。

表 3-5　算法测试结果

算法	*SROCC*	*CC*	*RMSE*
BIQI	0.3144	0.3952	11.0586
BLIINDS-Ⅱ	0.0392	0.0125	9.6670

（续表）

算法	*SROCC*	*CC*	*RMSE*
DIIVINE	0.6136	0.5453	10.3152
BRISQUE	0.7784	0.8135	17.3699
NIQE	0.6865	0.6553	8.0068
IL - NIQE	0.5629	0.6320	7.2891
QAC	0.0293	0.7521	16.8328
本节算法	0.8174	0.9646	4.5932

为进一步直观观察模型预测与主观分数的一致性，绘制了上述算法的预测质量值与 *DMOS* 对比的散点图，如图 3 - 15 所示。

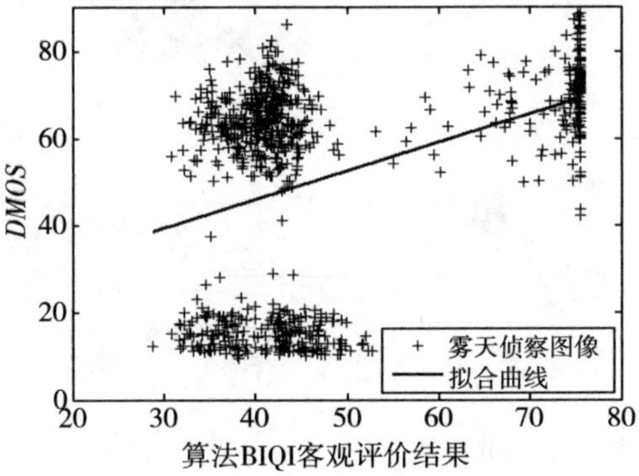

（a）BIQI

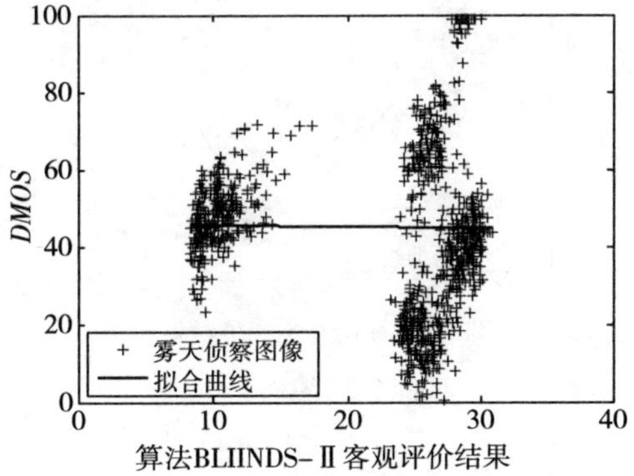

（b）BLIINDS-Ⅱ

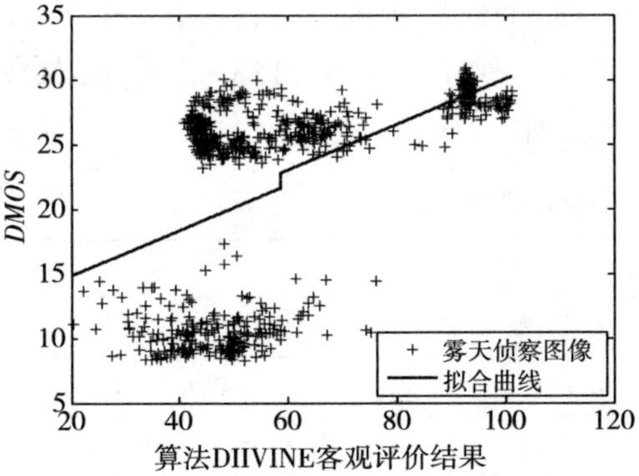

（c）DIIVINE

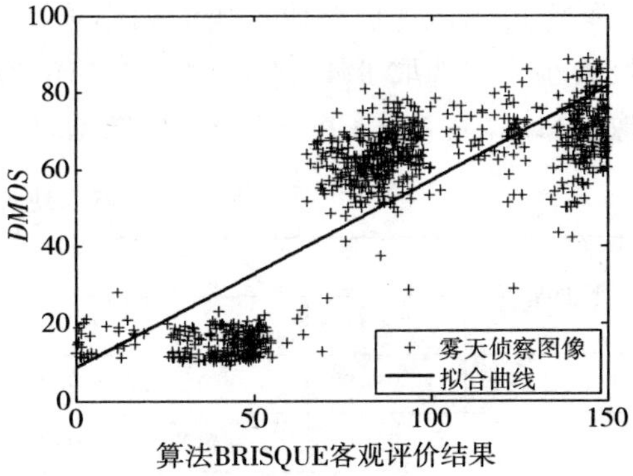

（d）BRISQUE

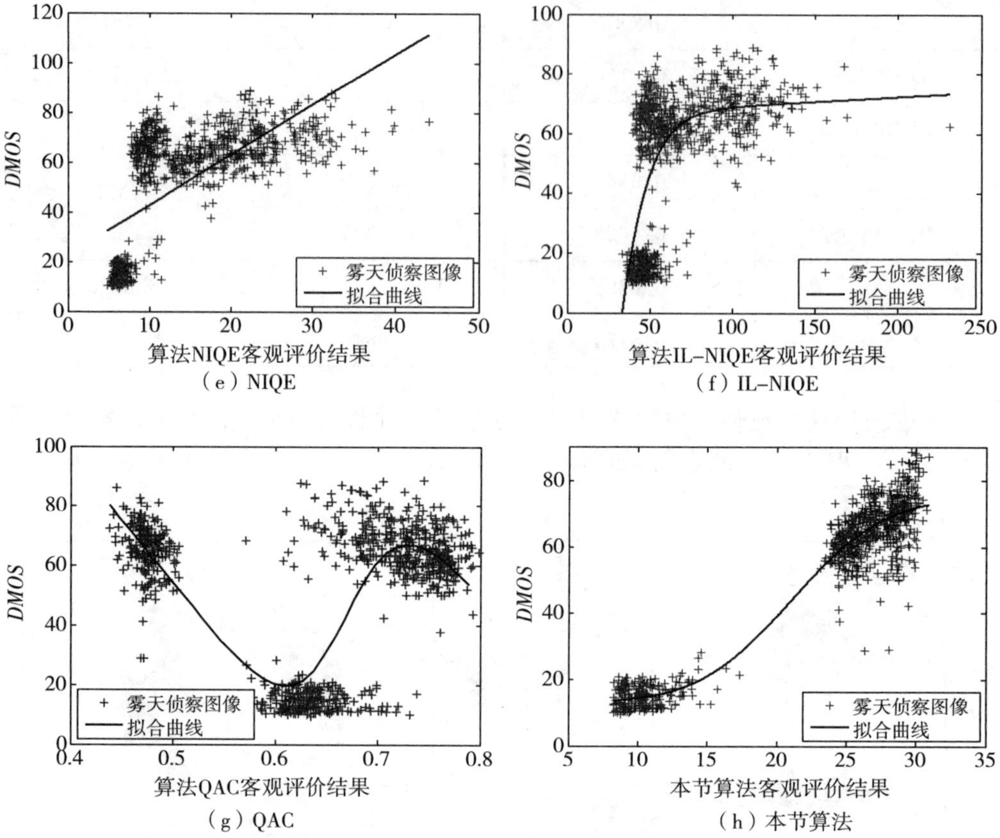

图 3-15　对比算法测试结果散点图

3. 其他相关实验

考虑到待评价图像子块的大小选择会对评价的结果造成影响，针对本节算法，块大小分别选取了 4×4、8×8、16×16、32×32、64×64、96×96、128×128(像素×像素)计算其 *SROCC*、*PLCC*，结果见表 3-6 所列。

表 3-6　不同块大小的算法性能参数

评价指标	块大小/像素						
	4×4	8×8	16×16	32×32	64×64	96×96	128×128
PLCC	0.9315	0.9302	0.9310	0.9310	0.9308	0.9309	0.9244
SROCC	0.9366	0.9390	0.9340	0.9343	0.9336	0.9342	0.9254

由表 3-6 可以发现，块规模大小为 8×8 像素时，评价指标取得了最佳结果。

此外,为评估算法运行代价,在 64 位 Windows 7 操作系统下,以 MATLAB 2014a 为开发工具测试了本节算法及其他对比算法的时间开销。在主频为 3.1 GHz Intel - Core - i5 - 3350 CPU、内存为 8 GB 的台式机上测试算法时间,结果见表 3 - 7 所列。

表 3 - 7　算法时间

算法	运行时间/s
BIQI	1.4
BLIINDS - Ⅱ	46.5
DIIVINE	16.1
QAC	0.3
BRISQUE	1.0
NIQE	0.8
本节算法	1.4

从表 3 - 7 可以发现本节算法一次评价为 1.4 s,略高于 NIQE、BRISQUE、QAC,与 BIQI 持平,但大大低于 DIIVINE 和 BLIINDS - Ⅱ,表现出较高的运行效率。

3.4　本章小结

针对雾天侦察图像存在雾失真、对图像质量和视觉信息造成影响的问题,本章研究分析了雾天侦察图像特点及光学模型,在此基础上提出一种基于暗原色先验的雾天侦察图像清晰化方法,解决了雾对图像造成视觉模糊的问题,实现了图像的清晰化。此外,根据清晰化的结果提出了雾天侦察图像清晰化质量评价方法,提取了空域自然场景统计特征和雾感知特征,并拟合 MVG 参数构建质量评价模型,解决了清晰化后图像的质量评价问题,实验结果较好,符合人眼视觉感知。

本章参考文献

[1] McCartney E J. Optics of the Atmosphere: Scattering by Molecules and Particles[M]. New York: John - Wiley and Sons, 1976.

[2] Koschmieder H. Theorie der horizontal en sichtweite[M]. Germany: Keirn & Nemnich, 1924.

[3] 周浦城，薛模根，张洪坤，等．利用偏振滤波的自动图像去雾[J]．中国图象图形学报，2011，16(7)：1178－1183.

[4] He K M, Sun J, Tang X O. Single Image Haze Removal Using Dark Channel Prior [C]. EEE Computer Society Conference on Pattern Recogition (CVPR), Miami, USA, 2009.

[5] 李从利，张思雨．基于暗通道先验的无人机影像快速去雾算法[J]．陆军军官学院学报，2018，170(1)：102－106.

[6] Kim J H, Jang W D, Sim J Y, et al. Optimized contrast enhancement for real－time image and video dehazing [J]. Journal of Visual Communication & Image Representation, 2013, 24(3): 410－425.

[7] Tarel J P, Hautière N. Fast visibility restoration from a single color or gray level image[C]. IEEE International Conference on Computer Vision. IEEE, 2009: 2201－2208.

[8] Meng G, Wang Y, Duan J, et al. Efficient Image Dehazing with Boundary Constraint and Contextual Regularization[C]. IEEE International Conference on Computer Vision. IEEE, 2013: 617－624.

[9] Zhu Q, Mai J, Shao L. A Fast Single Image Haze Removal Algorithm Using Color Attenuation Prior[J]. IEEE Transactions on Image Processing, 2015, 24(11): 3522－3533.

[10] 李大鹏，禹晶，肖创柏．图像去雾的无参考客观质量评测方法[J]．中国图象图形学报，2011，16(9)：1753－1757.

[11] Geisler W S. Visual perception and the statistical properties of natural scenes[J]. Annual. Review of psychotogy, 2008, 59(1): 167－192.

[12] Ruderman D L. The statistics of natural images [J]. Network Computation in Neural Systems, 1994, 5(4): 517－548.

[13] Young R A. The Gaussian derivative model for spatial vision: I. Retinal mechanisms[J]. Spatial Vision, 1987, 2(4): 273－293.

[14] Mittal A, Soundararajan R, Bovik A C. Making a "Completely Blind" image quality analyzer [J]. IEEE Signal Processing Letters, 2013, 20(3): 209－212.

[15] Heeger D J. Normalization of cell responses in cat striate cortex [J]. Visual Neuroscience, 1992, 9(2): 181－197.

[16] Groen I I A, Ghebreab S, Prins H, et al. From Image Statistics to Scene Gist: Evoked Neural Activity Reveals Transition from Low－Level Natural Image

Structure to Scene Category [J] . Journal of Neuroscience, 2013, 33 (48):18814 - 18824.

[17] Shannon C E. A Mathematical Theory of Communication[J]. The Bell System Technical Journal,1948,27:379 - 423.

[18] Ancuti C O, Ancuti C, Hermans C, et al. A Fast Semi - Inverse Approach to Detect and Remove the Haze from a Single Image[C]. Computer Vision - accv - asian Conference on Computer Vision. Springer, Berlin, Heidelberg,2010.

[19] Xue W, Zhang L, Mou X. Learning without human scores for blind image quality assessment[C]. IEEE Conference on Computer Vision andPattern Recognition,2013,6:995 - 1002.

第4章 模糊侦察图像清晰化及质量评价

由于成像平台和目标的相对运动造成的图像模糊给人视觉感知上的质量下降最明显，去模糊的研究从数字图像的诞生就备受关注，但由于模糊核及参数难以精准确定，去模糊的效果强依赖于暴力调参和模型优化上。基于此，本章尝试借助于深度学习相关技术，对模糊侦察图像进行清晰化处理，同时对其质量进行客观评价研究。

4.1 图像运动模糊

4.1.1 模糊侦察图像特点

非稳定成像平台拍摄的图像受多种因素影响，不同于稳定平台拍摄的图像，呈现出明显的模糊特性，可从以下三个方面进行分析：

(1)图像信息结构性。成像过程中相机相对地面做高速运动，同时受到平台振动、气流扰动等因素影响，成像模糊，图像质量下降，细节辨识度差，图像的整体结构产生了一定的偏差。因此，图像是否保留了相对完整的结构信息将是衡量图像质量的重要标准之一。

(2)图像信息的完整性。图像在获取、转码以及传输时，由于受到某些不可预知的干扰，获取的图像会包含一些噪声，造成了图像信息的缺失。因此，准确衡量图像信息的完整性是构建算法模型的另一重要标准。

(3)图像信息的颜色性。图像在传输中出现色彩信息损失、颜色饱和度不一等色彩失真。因此，图像的颜色特性是构建图像质量模型的又一标准。

平台在运动过程中会出现多类失真，有时某一失真明显，有时混杂在一起，通过清晰化手段获取的图像可能也会含有这些失真。图4-1中给出了非稳定成像平台获取的航空侦察图像和地面侦察图像。

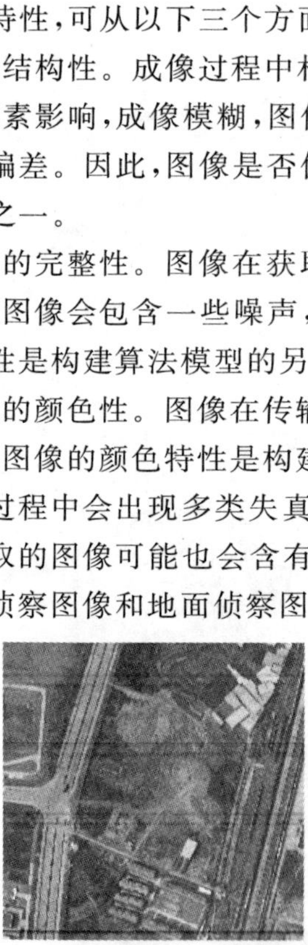

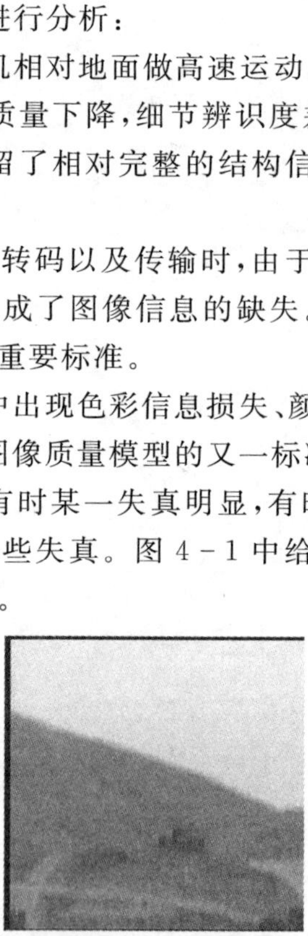

图4-1 非稳定成像平台获取的航空侦察图像和地面侦察图像

4.1.2　运动模糊模型

在多数情况下，图像运动模糊是由于成像设备与被摄场景之间的相对直线运动造成的，如高速空中平台低空侦察等。这种运动模糊普遍具有速度大、曝光时间短的特点，因而在短时间内可以将这种运动看作是匀变速直线运动。在所有的运动模糊中由匀速直线运动造成图像模糊的复原问题更具有一般性和普遍意义，因为变速的、非直线的运动在某些条件下可以被分解为分段匀速直线运动。本节只讨论由水平匀速直线运动而产生的运动模糊。

假设图像 $f(x,y)$ 有一个平面运动，令 $x_0(t)$ 和 $y_0(t)$ 分别为图像在 x 和 y 方向上运动的变化分量，T 表示运动的时间。记录介质的总曝光量是在快门打开到快门关闭这段时间的积分，则模糊后的图像为：

$$g(x,y)=\int_0^T f[x-x_0(t),y-y_0(t)]\mathrm{d}t \tag{4-1}$$

其中，$g(x,y)$ 为模糊后的图像。以上就是由于目标与摄像机相对运动造成的图像模糊的连续函数模型。

如果模糊图像是由景物在方向 x 上做匀速直线运动造成的，则模糊后图像任意点的值为：

$$g(x,y)=\int_0^T f[x-x_0(t),y]\mathrm{d}t \tag{4-2}$$

其中，$x_0(t)$ 是景物在 x 方向上的运动分量，若图像总位移量为 a，总时间为 T，则运动的速率为 $x_0(t)=at/T$，则式(4－2) 变为：

$$g(x,y)=\int_0^T f(x-\frac{at}{T},y)\mathrm{d}t \tag{4-3}$$

以上讨论的是连续图像，对于离散图像来说，对式(4－3) 进行离散化得：

$$g(x,y)=\sum_{i=0}^{L-1} f(x-\frac{at}{T},y)\Delta t \tag{4-4}$$

其中，L 为照片上景物移动的像素个数的整数近似值；Δt 是每个像素对模糊产生影响的时间因子。由此可知，运动模糊图像的像素值是原图像相应像素值与其时间的乘积的累加。

从物理现象上看，运动模糊图像实际上就是同一景物图像经过一系列的距离延迟后再叠加，最终形成的图像。如果要由一幅清晰图像模拟出水平匀速运动模糊图像，可按下式进行：

$$g(x,y)=\frac{1}{L}\sum_{i=0}^{L-1} f(x-i,y) \tag{4-5}$$

这样可以理解此运动模糊与时间无关，而只与运动模糊的距离有关，在这种条件下，使实验得到简化。因为对一幅实际的运动模糊图像，由于摄像机不同，很难知道其曝光时间和景物运动速度。

我们也可用卷积的方法模拟出水平方向匀速运动模糊。其过程可表示为：

$$g(x,y)=f(x,y)\times h(x,y) \tag{4-6}$$

如果考虑噪声的影响，运动模糊图像的退化模型可以描述为一个退化函数和一个加性噪声项 $n(x,y)$。$f(x,y)$ 产生一幅退化图像 $g(x,y)$。

$$g(x,y)=h(x,y)\times f(x,y)+n(x,y) \tag{4-7}$$

由于空间域的卷积等同于频率域的乘积，所以式(4-7)的频率域描述为

$$G(u,v)=H(u,v)\times F(u,v)+N(u,v) \tag{4-8}$$

式(4-8)中的大写字母项是式(4-7)中相应项的傅里叶变换。

4.2　模糊侦察图像清晰化技术

非稳定成像平台清晰化技术可认为是对运动模糊图像进行去模糊。现有的经典去模糊技术可分为两类：盲去模糊和非盲去模糊。盲去模糊指在模糊核未知的情况下，从单幅模糊图像估计出原始清晰图像，由于模糊核未知，在给定一幅模糊图像时，会存在很多种模糊核和清晰图像的结果，而且由于受到各种噪声的干扰，图像反卷积也会出现多个清晰图像的不同结果。为了能够从单幅图像中估计出模糊核和原始清晰图像，通常利用运动模糊核以及图像的先验知识对其进行约束，即非盲去运动模糊。传统的图像盲恢复一般都是在频域对图像进行约束，这些方法只能处理模糊程度很小的图像，而且不能有效地保留空域内的图像细节，比如边缘等，而利用空域内的图像和模糊核的各种先验约束可以更好地保留图像细节特征。侦察图像通常难以获得模糊核和相机运动信息，因此考虑利用盲方法去模糊。

2017年乌克兰天主教大学、布拉格捷克理工大学和解决方案提供商Eleks合作发表了一篇论文——"*DeblurGAN：Blind Motion Deblurring Using Conditional Adversarial Networks*"，这篇文章中，作者提出一种基于条件对抗式生成网络和内容损失（Content loss）的端对端学习法 DeblurGAN。受此文章启发，本章针对模糊侦察图像实际提出了一种基于 DeblurGAN 的非稳定成像平台图像清晰化方法。

4.2.1　生成对抗网络

生成对抗网络是在两个竞争网络之间定义一个博弈：鉴别器和生成器。生成

器接收噪声作为输入并生成样本，鉴别器接受真实样本输出产生样本，并试图区分它们。生成器的目标是通过生成与真实样本区分不大的感知样本来欺骗鉴别器。从理论的角度来看，生成器 G 和鉴别器 D 之间的博弈如下：

$$\min_{G}\max_{D}\underset{x\sim P_r}{E}\{\log[D(x)]\}+\underset{\tilde{x}\sim P_g}{E}\{\log[1-D(\tilde{x})]\} \tag{4-9}$$

其中，P_r 是数据分布，P_g 是模型分布，由 $x\sim G(z)$，$z\sim P(z)$ 定义；输入 z 是来自简单噪声分布的样本。本章参考文献[2]表明，尽管 GANs 能够产生感知质量比较好的样本，但是其训练面临许多问题，比如模式崩溃、梯度消失等。缩小 GAN 中的函数值相当于缩小了数据和模型分布之间的 Jensen - Shannon 散度。Arjovsky 等讨论了由 Jensen - Shannon 散度近似引起的 GAN 训练中的困难，并提出使用 Earth - Mover(也称为 Wasserstein - 1) 距离 $W(q,p)$。WGAN 的值函数使用 Kantorovich - Rubinstein 二元性构造：

$$\min_{G}\max_{D\in D}\underset{x\sim P_r}{E}[D(x)]-\underset{\tilde{x}\sim P_g}{E}[D(\tilde{x})] \tag{4-10}$$

其中，D 是 1 - Lipschitz 函数的子集，P_g 是模型分布。这里的观点是批评值近似为 $K\cdot W(P_r,P_\theta)$，其中 K 是 Lipschitz 常数，$W(P_r,P_\theta)$ 是 Wasserstein 距离。在此设置中，鉴别器网络称为批评者，它近似于样本之间的距离。为了加强 Lipschitz 在 WGAN 的限制，Arjovsky 等人将权重剪裁至$[-c,c]$。Gulrajani 等人建议增加一个梯度惩罚过程：

$$\lambda\underset{\tilde{x}\sim P_{\tilde{x}}}{E}[(\|\nabla_{\tilde{x}}D(\tilde{x})\|_2-1)^2] \tag{4-11}$$

值函数可作为强制 Lipschitz 约束的另一种方法。这种方法对于生成器架构的选择是鲁棒的，并且几乎不需要超参数调整。这对于图像去模糊至关重要，因为它允许使用新的轻权重神经网络架构，而不是以前用于图像去模糊的标准 Deep ResNet 架构。

4.2.2 条件对抗网络

生成性对抗网络已应用于各种图像转换问题，如超分辨率、样式转换、产品照片生成等。Isola 等学者提供了这些方法的详细概述，并提出了基于条件 GAN 架构，也称为 pix2pix。与 vanilla GAN 不同，条件 GAN 从观测图像 x 和随机噪声向量 $\boldsymbol{z}$ 中学习到 y 的映射为 $y:G:x,\boldsymbol{z}\rightarrow y$ 的映射。Isola 等还对鉴别器设置了条件，并使用 U-net 架构用于生成器和马尔可夫鉴别器，U-net 架构允许在多种任务上获得感知上的良好结果，如从图像合成、图像重建和图像上色等。

4.2.3 算法模型

本节算法旨在将模糊图像 I_B 作为输入的情况下恢复清晰图像 I_S，不需要任何关于模糊核的信息，通过训练生成器CNN G_{θ_G} 实现图像去模糊。对于每个 I_B 估计出相应的 I_S。此外，在训练阶段引入批评网络 D_{θ_D}，并以对抗方式训练两个网络。

1. 损失函数

首先将损失函数定义为对抗性损失（Adv loss）和内容损失（Content loss）之和：

$$\underbrace{\underbrace{\mathcal{L}_{GAN}}_{\text{adv loss}} + \underbrace{\lambda \cdot \mathcal{L}_X}_{\text{content loss}}}_{\text{total loss}} \quad (4-12)$$

其中，定义 λ 为100，且本章参考文献[4]并未对判别器设置条件，同时也没有对输入与输出之间的错误匹配进行惩罚。

对抗性损失：大多数研究中的条件GAN都使用vanilla GAN来作为损失函数，而最近出现了使用最小二乘GAN的替代方法，该方法更加稳定并能产生更高质量的结果。我们使用WGAN-GP作为判别函数，使得生成器的结构具有一定鲁棒性。损失函数的计算公式为：

$$\mathcal{L}_{GAN} = \sum_{n=1}^{N} - D_{\theta_D}[G_{\theta_G}(I_B)] \quad (4-13)$$

内容损失用来评估生成的清晰图像和目标图像之间的差距。两种经典的内容损失函数分别为 L_1 损失（也称Mean Absolute Error loss，MAE loss）和 L_2 损失（也称Mean Square Error loss，MSE loss）。由于像素空间中可能存在像素平均，因此使用这些函数作为单一优化目标会导致生成的图像中出现模糊。因此可采用最近提出的感知损失函数。感知损失函数是一个简单的 L_2 损失，但通过计算生成图像与目标图像CNN特征图之间的距离表示两者的差异。感知损失函数定义为：

$$\mathcal{L}_X = \frac{1}{W_{i,j}H_{i,j}} \sum_{x=1}^{W_{i,j}} \sum_{y=1}^{H_{i,j}} \{\varphi_{i,j}(I_S)_{x,y} - \varphi_{i,j}[G_{\theta_G}(I_S)]_{x,y}\}^2 \quad (4-14)$$

其中，$\varphi_{i,j}$ 是VGG19网络的第 i 大池化层之前的第 j 次卷积时获得的特征映射，并在ImageNet上预先训练；$W_{i,j}$ 和 $H_{i,j}$ 表示特征图的维度；采用 $VGG_{3,3}$ 卷积层的激活，激活层越深代表了特征越抽象。

2. 网络结构

生成器CNN结构如图4-2所示，它类似于Johnson等人提出的结构。该结构用于样式转换，包含两个带有步幅为1/2的跨步卷积块、九个残余块（ResBlocks）和两个转置卷积块（Transposed Convolution）。每个ResBlock由卷积层、实例标准化层（Instance Normalization）和ReLU激活层组成。在每个ResBlock的第一个卷积层之后添加概率为0.5的Dropout正则化。此外还引入了称为 ResOut 的全局跳过连接。CNN 学习模糊图像 I_B 的残差校正为 I_R，因此可得 $I_S=I_B+I_R$。这样的公式使得训练更快，并且使得模型更好地收敛。在训练阶段定义了一个带有梯度惩罚的 Wasserstein GAN 判别器网络 D_{θ_D}，即 WGAN－GP。判别器网络结构与 PatchGAN 相同。除了最后一个卷积层之外，所有卷积层后面都是 InstanceNorm 层和参数 $\alpha=0.2$ 的 LeakyReLU。

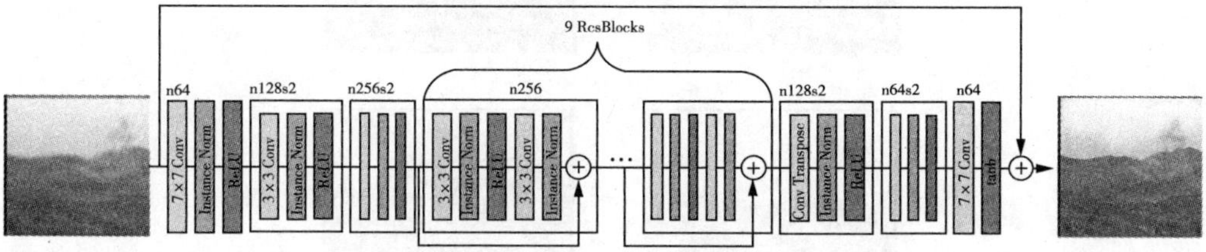

图 4－2　生成器 CNN 结构

4.2.4　清晰化实验结果

采用 GoPro 训练数据集中的 256×256 大小的随机样本进行训练，为了优化训练过程，我们遵循本章参考文献[7]的方法并在 D_{θ_D} 上执行 5 个梯度下降步骤，然后在 G_{θ_G} 上执行，使用学者 Adam 提出的基于一阶导数的随机梯度下降模型作为优化器。对于生成器和判别器，初始学习率设定为10^{-4}，在前 150 个轮后的接下来的 150 个轮内将速率线性衰减至零。在测试时应用本章参考文献[9]提出的方法优化思想，并应用 Dropout 和实力标准化。每次训练随机输入一个样本可获得较好的训练效果，训练流程图如图 4－3 所示。

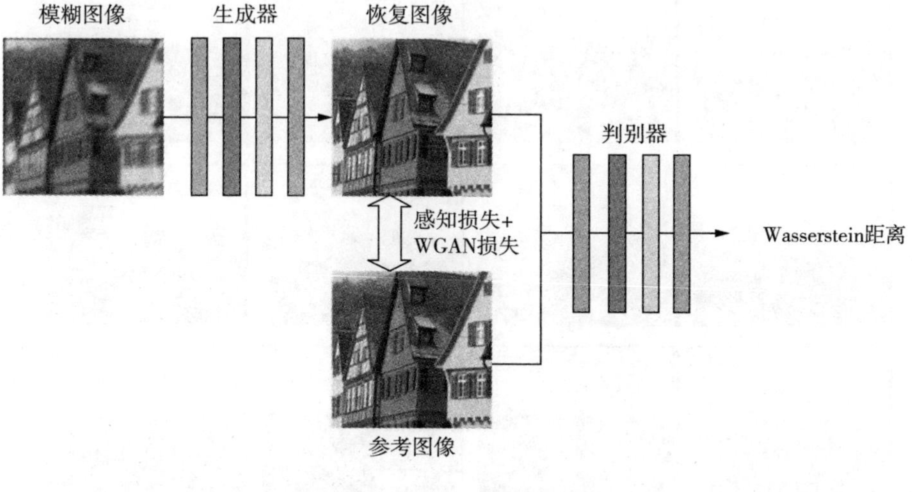

图 4－3　训练流程图

为了验证方法的有效性，对车载侦察运动模糊图像进行了实验，图 4 - 4 所示为部分图像。采用的对比算法见本章参考文献[10]、[11]。

图 4 - 4　部分车载侦察运动模糊图像

本章参考文献[10]清晰化效果并不明显，甚至较差，而本章参考文献[11]清晰化效果有很多改进，但图像显得更加模糊，振铃效应较为明显。以上两种文献算法除了对侦察图像本身适用性外，对于算法中的参数设置也较为依赖，不同的参数设置会带来不同的清晰化结果，因此不适用于算法自动化、实时处理。而基于 DeblurGAN 算法表明，其所提出的方法更适用于侦察运动模糊图像，在数据集上得到了较为良好的清晰化结果，如图 4 - 5 所示。

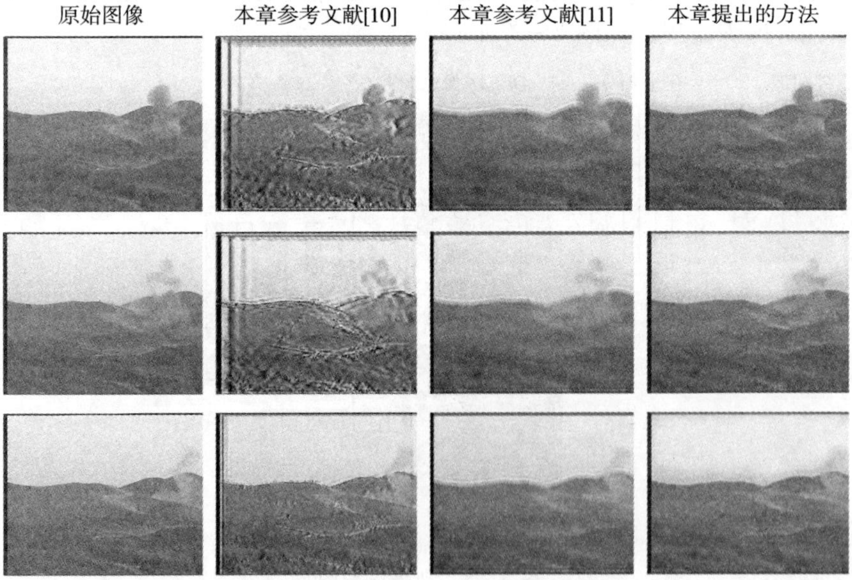

图 4-5　车载侦察运动模糊图像清晰化结果

4.3　模糊侦察图像清晰化质量评价

大部分文献使用 PSNR 和 SSIM 等全参考指标评价去模糊质量，但有时并不能完全反映人类的主观感受，并且在实际使用中缺少参考图像，因此设计良好的无参考算法是需要解决的问题。为了对清晰化后的图像进行自动化评价，同时确定一个客观评判清晰化质量的标准，有必要设计专门的非稳定成像平台图像清晰化质量评价算法，以辅助清晰化算法自动调整参数，达到最好效果。

非稳定成像平台获取的图像在去模糊恢复时可能因模糊核估计不准或参数调整等问题引入新的畸变，从图像本身看，畸变包括噪声、振铃以及残余的模糊等。这些畸变的种类和程度取决于算法种类、参数设置以及模糊的程度，但很难直接从物理上描述这些因素与畸变的函数关系。因此有必要建立专门针对去模糊后的质量评价标准，以模拟人眼视觉感受，形成客观的评价标准。

目前尚无公开的去模糊质量评价公开库，缺乏可供回归的主观 *MOS* 值。对此设计并实现了基于多分辨深度特征聚合的评价模型，且无须主观分数值。

4.3.1　数据集整理

与一般通用数据集包含的失真不同，由于去模糊问题的病态特性，给定一幅模糊图像，存在多个原图像与之对应，而各方法预设的先验都不相同，因此从人类感知的角度就会含有不同类型和程度的失真。我们观察了多种方法的结果，典型的失真包括形状畸变、振铃、噪声、细节丢失、其他模糊以及它们的混合，如图 4-6 所示。

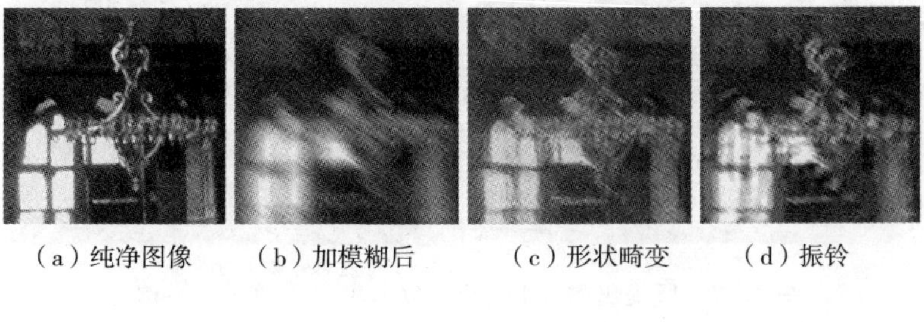

(a) 纯净图像　(b) 加模糊后　(c) 形状畸变　(d) 振铃

（e）噪声　　（f）细节丢失　　（g）其他模糊

图 4-6　去模糊操作造成的失真举例

从认可度较高的去模糊集 Gopro 以及质量评价集 TID2013 和 Waterloo 中选择清晰图像作为纯净图像（参考图像），并从中剔除大景深的图像，避免图像本身的模糊对处理和评价造成影响。其中 Gopro 由许多相似场景组成，场景中的相邻图像相似度较高，为避免相似样本，只遴选了 29 幅不同场景的图像，另外分别从 TID2013 和 Waterloo 选取了 13 幅和 100 幅。我们平衡了其中的不同场景和类别，最后的参考图像样本包含了人物、动物、植物、交通工具、建筑、风景、纹理细节、指示等内容，如图 4-7 所示。

图 4-7　所提出的 deblurQA 数据集包含的场景举例

本章参考文献[12]所提到的加模糊算法是一种随机算法，能够产生运动模糊和高斯模糊的混合，我们也用来产生模糊样本。考虑到去模糊算法比较耗时，我们选取公开了代码的有代表性的 6 种算法(参考本章参考文献[10]、[12]～[16])对模糊样本分别处理，包含了基于优化的方法、基于 CNN 的端到端方法，以及基于模糊核估计的 CNN 方法。另外对基于优化的方法微调了核尺寸参数，每幅模糊样本共得到 10 幅处理结果。其中有 2 例优化方法出现异常，所以共得到 1418 幅失真图像。

图像的人工打分是耗时且昂贵的，由于条件的制约，考虑到全参考指标 DISTS 对人类感知的良好逼近作用，用 DISTS 对每幅失真图像的评分经过式(4 - 15)的映射作为图像的伪 MOS 值(pseudo - MOS，pMOS)。

$$pMOS=100\cdot\frac{\max D-DISTS(x_{\text{ref}},x)}{\max D-\min D}\tag{4-15}$$

其中，x、x_{ref}、$\min D$ 和 $\max D$ 分别表示失真图像、对应的参考图像、失真图像库中 $DISTS$ 值的最小值和最大值。尽管没有采用标准的人工打分，但后面将要给出的实验结果说明这是一种廉价高效的替代办法。

4.3.2　质量评价模型构建

针对去模糊评估问题，建立了如图 4 - 8 所示的多分辨深度特征聚合网络。

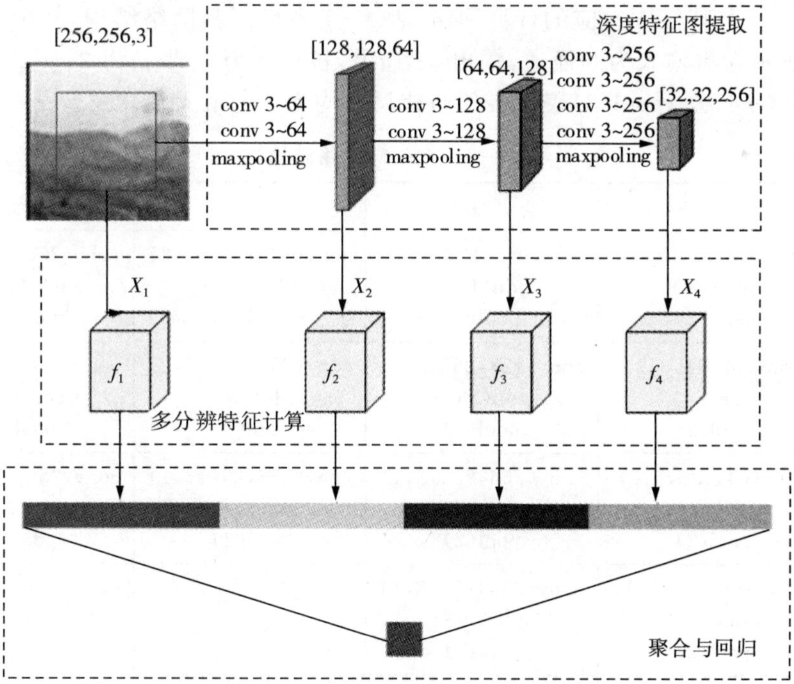

图 4 - 8　多分辨深度特征聚合网络结构

模型由三部分组成。在深度特征图提取模块中，图像中任意固定大小块进入网络后，经过连续“卷积—池化”的降分辨率操作，得到由表层到抽象的特征图表达式：

$$\begin{cases} \boldsymbol{X}_1 = x \\ \boldsymbol{X}_2 = h(\boldsymbol{x};\boldsymbol{w}_1) \\ \boldsymbol{X}_3 = h(\boldsymbol{x};\boldsymbol{w}_1,\boldsymbol{w}_2) \\ \boldsymbol{X}_4 = h(\boldsymbol{x};\boldsymbol{w}_1,\boldsymbol{w}_2,\boldsymbol{w}_3) \end{cases} \tag{4-16}$$

其中，$h(\cdot)$表示该模块，为减少整个模型的参数量，采用在 ImageNet 上预训练的 VGG19 网络前 3 层（到 conv8）；$\boldsymbol{w}_1$、$\boldsymbol{w}_2$ 和$\boldsymbol{w}_3$ 为对应层参数；$\boldsymbol{X}_1 \sim \boldsymbol{X}_4$ 为进入下阶段的特征图。

虽然得到了空间相关的特征图，但它们在尺度和数量上有很大的差异，因此每组特征图将经过 1 个多分辨特征计算网络，得到各自的特征向量。我们试验了多种端到端的特征提取模块及归一化激活函数，发现 MEON（见本章参考文献[17]）在相同层数时收敛性能最好，且使用的 GDN 层适合于图像质量的预测，故我们改进了 MEON 的结构，使之对各个分辨率输出相同维数的向量。

$$\boldsymbol{S}_k = f_k(\boldsymbol{X}_k), \quad k=1,2,3,4 \tag{4-17}$$

其中，f_k 表示与特征图对应的计算网络，表 4-1 列出了其网络结构，其中 conv(3,32,5,2)表示卷积输入为 3 通道，输出 32 通道，核尺寸为 5，步长为 2；gdn(32)表示 32 通道的 GDN 层；pool(2)表示步长与核尺寸均为 2 的最大池化层。

表 4-1　$f_1 \sim f_4$ 网络结构

序号	f_1	f_2	f_3	f_4
1	conv(3,32,5,2) gdn(32) pool(2)	conv(64,128,5,2) gdn(128) pool(2)	conv(128,256,5,2) gdn(256) pool(2)	conv(256,256,5,2) gdn(256) pool(2)
2	conv(32,64,5,2) gdn(64) pool(2)	conv(128,256,5,2) gdn(256) pool(2)	conv(256,256,5,2) gdn(256) pool(2)	conv(256,256,3,1) gdn(256) pool(2)
3	conv(64,128,5,2) gdn(128) pool(2)	conv(256,256,3,1) gdn(256) pool(2)	conv(256,256,3,1) gdn(256) pool(2)	conv(256,256,3,1) gdn(256) pool(2)
4	conv(128,256,3,1) gdn(256) pool(2)	conv(256,256,3,1) gdn(256) pool(2)	—	—

最后将这些特征向量聚合，回归到得分或类别

$$\hat{y} = g(\boldsymbol{S}_A) \tag{4-18}$$

其中，$\boldsymbol{S}_A = [\boldsymbol{S}_1, \boldsymbol{S}_2, \boldsymbol{S}_3, \boldsymbol{S}_4]$。

4.3.3　损失函数及训练

训练时，深度特征图提取模块加载 VGG19 前 3 层参数，并固定这些参数不变。为了更好地驱动模型学习失真特征，同时避免因数据量不足而导致过拟合，我们将训练过程分为两阶段。第一阶段，将纯净图像看作正例，去模糊图像看作负例，进行分类训练。对纯净图像过采样 10 倍作为正例，避免样本不平衡。记模型为 $f(\cdot)$、输入图像为 x、其标签为 y、一次训练批量为 m，分类阶段损失函数表示为

$$l_1 = -\frac{1}{m}\sum_{m}\{y\log f(x) + (1-y)\log[1-f(x)]\} \tag{4-19}$$

分类训练结束后，保持特征层（卷积层）不变，重置全连接层参数。BIQA 方法通常采用 L_1 或 Huber 损失函数进行回归训练，而排序学习能更好地辅助训练，并使模型对样本的质量差异更敏感。考虑两幅去模糊图像及其伪 *MOS* 值 (x_1, y_1)、(x_2, y_2)，假设 $y_1 > y_2$，当模型预测的排序 $f(x_1) < f(x_2)$，则进行惩罚。Rank 损失有硬边距和软边距两类，硬边距 Rank 使图像质量顺序对呈一定间隔的均匀分布：

$$l_H = \max[0, f(x_2) - f(x_1) + \delta] \tag{4-20}$$

其中，正数 δ 为硬边距。而软边距损失用余弦不确定性加权 x_1 超过 x_2 的 logistic 损失：

$$l_S = -\frac{1}{2}\left\{1 - \cos\left[\frac{\pi(y_1 - y_2)}{T_c}\right]\right\}\log\left\{\frac{\exp[f(x_1) - f(x_2)]}{1 + \exp[f(x_1) - f(x_2)]}\right\} \tag{4-21}$$

其中，T_c 为不确定性参数，取值为数据集中伪 *MOS* 值标准差的 2 倍。结合 2 种回归损失函数，总共试验 3 种形式联合损失函数。

$$l_{2\_1} = \left\{\frac{L_{smooth}[y_1, f(x_1)] + L_{smooth}[y_2, f(x_2)]}{2}\right\} + \lambda_1 l_H + \lambda_2 \sum |w| \tag{4-22}$$

$$l_{2\_2} = \left[\frac{|f(x_1) - y_1| + |f(x_2) - y_2|}{2}\right] + \lambda_1 l_H + \lambda_2 \sum |w| \tag{4-23}$$

$$l_{2\_3} = \left\{\frac{L_{smooth}[y_1, f(x_1)] + L_{smooth}[y_2, f(x_2)]}{2}\right\} + \lambda_1 l_S + \lambda_2 \sum |w| \tag{4-24}$$

其中，$L_{smooth}(\cdot)$代表 Huber 损失。

$$L_{smooth}[y,f(x)]=\begin{cases}0.5[y-f(x)]^2, |y-f(x)|<1 \\ |y-f(x)|-0.5, 其他\end{cases} \tag{4-25}$$

式(4-22)、式(4-23)和式(4-24)的第3项表示网络所有可训练层权值的L_1范数正则项，λ_1和λ_2分别为Rank项和正则项的加权系数。

4.3.4 质量评价实验结果

实验对象为车载侦察运动模糊图像，选取15%的样本为测试集，剩下样本中随机选取10%作为验证集。第一阶段分类训练时，批量设为32，每一轮验证一次，当准确率不明显变化时停止。

第二阶段训练由于要计算排序损失，将网络视为孪生网络，批量设为1，每次随机选择2个样本，分别通过网络得到各自输出，再计算损失函数，训练20000步。通过网格遍历λ_1和δ，经过验证选择每种网络最优的组合进行测试，两阶段的优化器都为Adam。为了扩充样本量，对训练样本进行了随机裁切和翻转增强操作。实验硬件为1块Nvidia TITAN RTX GPU，开发软件为Python 3.6.10和PyTorch 1.5.0。

1. IQA 指标对比

选择*SRCC*、*PLCC*和*RMSE*为评价指标。其中*PLCC*和*RMSE*的预测值经过了logistic映射，拟合参数由随机抽取的80%的测试样本确定，只计算剩下20%样本的拟合结果，并重复验证10次，以其平均值为最终结果。

首先测试不同损失函数的性能，并尝试不含Rank项的损失，结果见表4-2所列，对应的验证集最优超参数见表4-3所列。

表4-2 不同损失函数性能

损失函数	*SRCC*	*PLCC*	*RMSE*
式(4-22)	0.9029	0.9440	5.8371
式(4-23)	0.9149	0.9375	6.3667
式(4-24)	0.8925	0.9276	6.6840
式(4-22)不含Rank	0.8788	0.9083	7.5063

表4-3 表4-2对应的验证集最优超参数

损失函数	λ_1	δ
式(4-22)	0.7	0.06
式(4-23)	0.6	0.08
式(4-24)	1.1	—

可见式(4－22)与式(4－23)相当，而软边距损失的式(4－24)则有轻微下降，说明回归项无论是 L_1 还是 Huber 损失影响不显著。表 4－3 中最优的边距约为伪 *MOS* 值的动态范围与训练样本数量的比值，说明强制地将模型对样本的响应均匀划分有助于 *MOS* 值的学习。而当不含 Rank 项时，性能出现一定程度下降，说明了排序学习对本模型性能提升有明显促进。后面的实验中我们采用式(4－22)所对应的模型。

我们还搜集了其他公开的经典 IQA 指标，包括无参考的 NIQE、IL－NIQE、BLIINDS、BRISQUE、dipIQ、QAC、DBCNN、CaHDC、MEON、BIBLE、SPAQ，以及全参考的 PSNR、SSIM、MSSSIM、FSIM、PieAPP、LPIPS。其中 BIBLE 为效果较好的模糊度评价指标，与本节研究内容相关，其他为通用评价指标，对比见表 4－4 所列。

表 4－4　与其他 IQA 方法的测试集性能对比

方法	*SRCC*	*PLCC*	*RMSE*
NIQE	0.3437	0.3274	13.7156
IL－NIQE	0.5460	0.5322	11.3665
BLIINDS	0.0013	0.1271	16.0677
BRISQUE	0.0037	0.1709	14.5949
dipIQ	0.1298	0.1254	18.7637
QAC	0.2191	0.2199	16.6464
DBCNN	0.1124	0.4322	18.7169
CaHDC	0.1227	0.3076	16.8791
MEON	0.0563	0.3415	15.5146
BIBLE	0.3659	0.4464	13.5334
SPAQ(MT－A)	0.3945	0.4331	16.0774
SPAQ(BL)	0.3363	0.3863	16.4535
SPAQ(MT－S)	0.3873	0.4390	15.7861
PSNR	0.2348	0.1677	14.9609
SSIM	0.2634	0.1767	16.2187
MSSSIM	0.3716	0.3334	16.4593
FSIM	0.3511	0.4136	14.4002
PieAPP	0.4938	0.4216	11.9995
LPIPS	0.7486	0.7518	10.7386

在去模糊评估领域，很多性能优异的通用 BIQA 方法失效非常明显，这些方法很多是在人工模拟失真的数据集上训练的，与去模糊引入的失真差异较大。在无参考方法中，IL－NIQE、BIBLE 和 SPAQ 表现较好，IL－NIQE 和 BIBLE 为传统 NSS 方法，对该问题有一定效果，SPAQ 在实际的数据上训练，比同类方法好。在全参考方法中，传统的基于绝对误差的 PSNR、SSIM、FSIM 和 MSSSIM 性能较差，不适合分析去模糊的影响。本章提出的数据集的伪 *MOS* 值来自 DISTS，与 PieAPP 和 LPIPS 同属深度特征方法，因而效果比较接近。

2. 排序实验

好的评价指标必须拥有对图像质量连续变化的单调响应，为此从其他数据集中随机选取若干幅纯净图像，再加上随机模糊，用不同的去模糊方法及参数处理，每组样本再用人工筛选出质量由坏到好的 6 幅，用表现较好的方法进行评价。效果如图 4－9 所示，见表 4－5 所列。

图 4-9　排序实验样本，质量从低到高

表 4-5　各种方法评价图对比

(a)第 1 列

IL-NIQE	BIBLE	MTA	MTS	Ours
28.7349	3.2339	48.2592	53.9020	50.7296
29.8288	3.5248	50.6517	53.5153	51.1102
29.0991	2.3631	44.2273	51.1144	74.8749
25.3149	3.0076	52.1935	55.8374	76.9485
29.3008	3.3404	54.3278	56.8709	78.1981
26.1660	4.6017	54.1187	56.4937	81.7199

(b)第 2 列

IL-NIQE	BIBLE	MTA	MTS	Ours
35.3468	3.0247	46.9200	46.9200	57.6815
51.7726	1.3655	41.7540	41.7540	62.9987
30.6063	2.8073	47.3969	47.3969	78.7789
27.0032	3.7693	51.5987	51.5987	82.3703
23.1185	3.7850	51.6919	51.6919	84.3682
21.6741	5.5833	54.0027	54.0027	85.2221

(c)第 3 列

IL - NIQE	BIBLE	MTA	MTS	Ours
40.6752	3.9945	48.6518	48.6518	37.6977
35.2528	4.7689	45.6569	45.6569	57.0120
45.7769	2.6342	48.4360	48.4360	58.5116
64.1064	1.9532	40.1407	40.1407	62.2172
33.3058	3.8908	46.6180	46.6180	64.2206
28.7456	3.9275	46.3177	46.3177	72.2149

(d)第 4 列

IL - NIQE	BIBLE	MTA	MTS	Ours
44.0388	2.0126	45.2189	45.2189	55.9500
41.1549	1.8487	41.1431	41.1431	56.5297
49.3999	1.9568	41.7205	41.7205	57.8179
32.5475	4.7325	50.4162	50.4162	72.8241
31.6427	3.2054	48.8158	48.8158	79.1101
29.3394	4.8597	51.4954	51.4954	80.0560

以上展示了本章方法在响应单调变化的去模糊质量时，拥有比现有指标更好的一致性。

4.4 本章小结

针对非稳定侦察图像存在的运动模糊降质问题，本章研究分析了模糊侦察图像特点及图像运动模糊的成像机理，在此基础上利用生成对抗网络提出一种基于DeblurGAN非稳定平台侦察图像去模糊清晰化方法，解决了运动模糊图像造成失真的问题，实现了图像的清晰化。此外根据清晰化的结果提出了非稳定平台侦察清晰化图像质量评价方法，基于多分辨特征聚合，通过“排序＋回归”的联合损失函数，实现质量评价。实验结果表明本章算法能较好地解决清晰化后图像的质量评价问题，实验结果符合人眼视觉感知。

本章参考文献

[1] Goodfellow I J, Pouget - Abadie J, Mirza M, et al. Generative Adversarial Networks[J]. Advances in Neural Information Processing Systems, 2014, 3: 2672 - 2680.

[2] Salimans T, Goodfellow I, Zaremba W, et al. Improved Techniques for Training GANs [J/OL]. (2016 - 06 - 10). http://www. researchgate. net/publication/30588127.

[3] Isola P, Zhu J Y, Zhou T, et al. Image - to - Image Translation with Conditional Adversarial Networks [J/OL]. (2016 - 11 - 21). http://www. researchgate. net/publication/310610633.

[4] Ren D, Zhang K, Wang Q, et al. Neural blind deconvolution using deep priors[C]. Proceedings of the IEEE/CVF Conference onComputer Vision and Pattern Recognition. 2020: 3341 - 3350.

[5] Johnson J, Alahi A, Li F F. Perceptual Losses for Real - Time Style Transfer and Super - Resolution [C]//European Conference on Computer Vision. Springer,Cham, 2016.

[6] Deng J, Dong W, Socher R, et al. Imagenet: A large - scale hierarchical image database[C]. IEEE Computer Society Conference on Computer Vision and Pattern Recognition (CVPR 2009). 2009: 20 - 25.

[7] Arjovsky M , Chintala S , Bottou, et al. Wasserstein GAN[J/OL]. (2017 - 01 - 26). http://www. researchgate. net/publication/323459127.

[8] LI C, Michael W. Precomputed real - time texture synthesis with markovian generative adversarial networks [C]. European Conference on Computer Vision, 2016: 702 - 716.

[9] Zhu J Y, Park T, Isola P, et al. Unpaired Image - to - Image Translation using Cycle - Consistent Adversarial Networks[J/OL]. (2017 - 11 - 24). http://www. researchgate. net/publication/332060135.

[10] Pan J S, Hu Z, Su Z X, et al. Deblurring Text Images via L0 - Regularized Intensity and Gradient Prior[C]. IEEE Conference on Computer Vision and Pattern Recognition (CVPR), 2014.

[11] Pan J S, Sun D Q, Pfister H, et al. Blind Image Deblurring Using Dark Channel Prior [C]. IEEE Conference on Computer Vision and Pattern

Recognition (CVPR),2016.

[12] Kupyn O, Budzan V, Mykhailych M, et al. Deblurgan: Blind motion deblurring using conditional adversarial networks [C]. IEEE conference on computer vision and pattern recognition. 2018: 8183 - 8192.

[13] Pan J, Liu R, Su Z, et al. Kernel estimation from salient structure for robust motion deblurring[J]. Signal Processing: Image Communication, 2013, 28(9): 1156 - 1170.

[14] Michaeli T, Irani M. Blind deblurring using internal patch recurrence [C]. European conference on computer vision. Springer, Cham, 2014: 783 -798.

[15] Ren D, Zhang K, Wang Q, et al. Neural blind deconvolution using deep priors [C]. IEEE/CVF Conference on Computer Vision and Pattern Recognition. 2020: 3341 - 3350.

[16] Zhang X, Dong H, Hu Z, et al. Gated fusion network for joint image deblurring and super - resolution [C]. 29th British Machine Vision Conference. 2019.

[17] Ma K, Liu W, Zhang K, et al. End - to - end blind image quality assessment using deep neural networks [J]. IEEE Transactions on Image Processing, 2017, 27(3): 1202 - 1213.

第 5 章　低分辨率侦察图像清晰化及质量评价

低分辨率图像目前仍广泛存在于各类应用领域中，对其进行放大处理（超分重建）也是人们观察细节和微小特征的迫切需要，从刚开始的插值法到后续的频域补充及自动内容生成等方法，都属于病态开放的问题，目前还没有一个统一的有效方法。本章尝试借助于稀疏表示理论对侦察图像进行超分重建研究，并采用基于CNN 的方法进行质量评价。

5.1　低分辨率侦察图像特点及超分重建

在数字成像系统中，图像的空间分辨率指的是图像的像素密度或单位尺寸内的像素数量，它刻画了图像的细节信息，分辨率越高，图像越清晰，目标细节信息越丰富。在陆军战场数字成像应用领域，高分辨率（High Resolution，HR）图像一方面能够提高系统处理性能，另一方面能够帮助人或计算机更加准确地分析图像目标信息。然而在实际侦察成像中，受成像系统或成像设备以及成像条件的限制和影响，通常获取的是质量较差、低分辨率（Low Resolution，LR）的图像或视频序列，无法满足陆军战场的实际需求。

为解决成像设备的不足和成像条件的限制，人们基于已有的成像设备和当前的观测图像，研究提高图像空间分辨率的“软”方法，即图像超分辨率（Super - Resolution，SR）重建技术。图像超分重建通过建立图像退化模型，利用图像先验知识，采用信号处理的方法，在不改变现有成像系统的条件下，试图从一幅或多幅低分辨率图像中重构丢失的截止频率以外的高频信息，并消除退化因素的影响，以最低的成本得到高分辨率图像，它是一种由低分辨率退化图像（或图像序列）重建一幅高分辨率清晰图像（或序列）的二代复原技术。

5.1.1　低分辨率侦察图像特点

由于装备系统中固有的成像设备性能所限，其获得的图像分辨率不高，反应场景变化和捕获细节的能力不够，经常会呈现以下特点：

（1）图像尺寸小（分辨率低）、质量差或者二者同时存在，这一点很容易理解，反映在平台上固化的早期成像器件或芯片，或者由于小型化和便携式需要安装的成像能力受限的器件或芯片。

（2）图像质量会随着分辨率的下降呈非线性下降趋势，且目标在图像中的细节和轮廓信息也迅速被“抛弃”或未采样，同时作为重要的辨识信息——颜色也会被湮没或丢失。

(3)低分辨率图像后处理困难,由于分辨率低或降质影响,很多关键特征或兴趣区域变得难以提取和表征,给后续的识别和检测等带来障碍。

相应的针对低分辨率图像的超分重建基本思想是从退化的低分辨率图像中重建丢失的信息并消除退化因素的影响,从而获得高分辨率图像。典型的低分辨率图像如图 5-1 所示。

图 5-1 典型的低分辨率图像

注:图像来自本章参考文献[1]

5.1.2 稀疏表示图像超分重建思想

在稀疏表示下进行超分重建,其基本思想是高分辨率图像块可以由过完备字典中原子的稀疏线性组合来表示,当刻画图像本质特征的表示系数足够稀疏时,假设它在高/低分辨率字典下是同构一致的。根据该假设,当在高/低分辨率稀疏同构一致性约束下求得输入图像的稀疏表示系数后,在高分辨率字典下进行线性组合可以得到重建图像,而重建所需的高/低分辨率字典是预先利用图像样本集通过学习训练获得,整个过程分三个阶段,分别是学习阶段、编码阶段和重建阶段,其基本思想如图 5-2 所示。

在学习阶段,通过采集一定数量的清晰度高、纹理丰富的图像块作为训练样本,通过下采样操作得到对应的低分辨率图像块,以此随机样本的组合即可构造出重建所需的最直接简单的高/低分辨率双字典。

在稀疏编码阶段,对于待重建的输入图像 Y,从左上开始,逐一取图像块(有一定重叠)并在低分辨率字典 D_l 下进行稀疏编码,目标函数如下:

$$\begin{cases}\min \|\alpha\|_1, \text{使得} \|\boldsymbol{F}D_l\alpha - \boldsymbol{F}y\|_2^2 \leqslant \varepsilon_1 \\ \|\boldsymbol{P}D_h\alpha - w\|_2^2 \leqslant \varepsilon_2\end{cases} \tag{5-1}$$

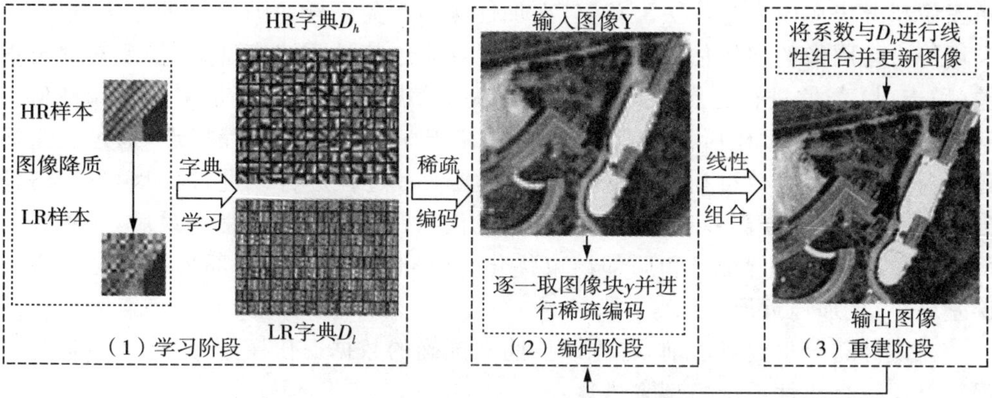

图 5－2　稀疏域图像超分辨率基本思想

其中，矩阵 $\boldsymbol{P}$ 是用以提取当前重建与上次重建的图像块重叠区域，w 表示该重叠区域值，该约束项是使相邻两次重建的重叠区域保持一致；矩阵 $\boldsymbol{F}$ 是线性特征提取操作，其主要作用是确保稀疏编码系数能够尽可能的逼近与之相关的低分辨率图像块，参照本章参考文献[4]、[5]的方法，P 可以定义为 4 个 1－D 高通滤波器：

$$\boldsymbol{f}_1 = \left[-1,0,1\right], \boldsymbol{f}_2 = \boldsymbol{f}_1^{\mathrm{T}}, \boldsymbol{f}_3 = \left[1,0,-2,0,1\right], \boldsymbol{f}_4 = \boldsymbol{f}_3^{\mathrm{T}} \tag{5-2}$$

式(5－1)可以写成如下的简介形式：

$$\min\lambda \parallel \alpha \parallel_1 + \frac{1}{2} \parallel \widetilde{\boldsymbol{D}}\alpha - \widetilde{\boldsymbol{y}} \parallel_2^2 \tag{5-3}$$

其中，$\widetilde{\boldsymbol{D}} = \begin{bmatrix} \boldsymbol{F}D_l \\ \beta\boldsymbol{P}D_h \end{bmatrix}$，$\widetilde{\boldsymbol{y}} = \begin{bmatrix} \boldsymbol{F}y \\ \beta w \end{bmatrix}$，参数 β 是在匹配低分辨率的输入图像块和搜索与其邻域一致的在高分辨率之间达到平滑。通过求解可以得到稀疏编码系数 α。

在重建阶段，假设稀疏表示系数是同构一致的，将稀疏表示系数 α 与高分辨率字典 D_h 进行线性组合，得到对应的高分辨率图像块，然后将此图像块作为对应位置的高分辨率图像块的估计，通过反复迭代，完成对整幅图像的更新，得到重建结果 X_0。当所有的图像块更新完毕，利用反向投影进行进一步的优化，在图像质量退化模型约束下求得与 X_0 最接近的图像作为最终结果，目标函数如下：

$$X^* = \arg\min_X \parallel X - X_0 \parallel ，使得\ \boldsymbol{BH}X = Y \tag{5-4}$$

其中，$\boldsymbol{B}$、$\boldsymbol{H}$ 分别表示下采样矩阵和模糊矩阵。

5.1.3　鲁棒性超分辨率模型

在上节超分重建的基本思想基础上，本节对其进行改进，提出稀疏域鲁棒性单幅图像超分辨率模型与算法。首先,在加性噪声和欠采样的图像质量退化模型下,利用待重建图像的初始估计及稀疏表示,推导出鲁棒性重建模型,该模型对逼近误差(噪声项)能够进行有效抑制,较好地解决了编码噪声扰动所带来的鲁棒性低的问题。其次,对于重建所需的双字典,考虑字典学习更新的过程特点,通过多重循环更新以及表示系数再利用对 K-SVD 字典学习过程进行改进,离线学习获得低分辨率字典,而高分辨率字典则通过求解优化问题目标函数获得。最后,在重建阶段对待重建图像进行全局和局部约束优化,使整体保真度和局部稀疏重建保真度误差最小,更加逼近原始图像。

在设计超分重建算法前,首先需要建立准确的数据退化模型,图像质量退化过程可以用一个线性系统模型来描述:

$$\boldsymbol{Y}_k=\boldsymbol{B}_k\boldsymbol{H}_k\boldsymbol{F}_k\boldsymbol{X}+v_k,k=1,2,\cdots,K \tag{5-5}$$

其中,$\boldsymbol{Y}_k\in\mathbf{R}^L$ 表示第 k 帧观测图像;$\boldsymbol{X}\in\mathbf{R}^N$ 表示原始高分辨率清晰图像;$v_k\in\mathbf{R}^L$ 为随机变量,表示具有某种概率分布的噪声;$\boldsymbol{F}_k\in\mathbf{R}^{N\times N}$ 表示 $\boldsymbol{X}$ 相对于 $\boldsymbol{Y}_k$ 的运动变形矩阵;$\boldsymbol{H}_k\in\mathbf{R}^{N\times N}$ 表示图像光学模糊矩阵;$\boldsymbol{B}_k\in\mathbf{R}^{L\times N}$ 表示下采样矩阵,而这些退化矩阵 $\boldsymbol{B}_k$、$\boldsymbol{H}_k$、$\boldsymbol{F}_k$ 都具有稀疏性特征。由于本书主要研究单幅图像的超分重建问题,为简单起见,在后续章节中将去除第 k 帧下标标记,以 $\boldsymbol{Y}$ 和 $\boldsymbol{X}$ 等代替。

从数学上来看,一般情况下由于信息量不足,图像的超分重建是一个病态的反问题,合适的图像先验知识对解决这类病态不适定的超分重建问题至关重要,必须从观测图像中对退化因素进行估计,而图像先验知识可以通过人为定义或概率统计建模得到,也可以通过机器学习的方法获取。在构造先验正则化约束项时,可以利用的图像先验知识包括局部平滑、边缘保持、非负性以及稀疏性等。前述经典的基于重建的方法中就是利用不同的先验假设,通过求解先验或后验概率模型来获得最佳解,而本节的方法则基于图像稀疏表示模型。

图像的稀疏表示理论认为高分辨率图像 $\boldsymbol{X}$ 的图像块 $x\in\mathbf{R}^n$ 可以由高分辨率字典 $\boldsymbol{D}_h\in\mathbf{R}^{n\times K}$ 的稀疏线性组合来表示:

$$x\approx\boldsymbol{D}_h\alpha \tag{5-6}$$

其中,$\boldsymbol{D}_h$ 则是由纹理结构丰富的高分辨率样本图像训练得来,而稀疏表示系数 $\alpha\in\mathbf{R}^K$ 则由观测图像 $\boldsymbol{Y}$ 的图像块 $\boldsymbol{y}\in\mathbf{R}^n$ 在低分辨率字典 $\boldsymbol{D}_l$ 下的稀疏编码中获取:

$$\min\|\alpha\|_1,\text{使得}\|\boldsymbol{D}_l\alpha-\boldsymbol{y}\|_2^2\leqslant\varepsilon \tag{5-7}$$

其中,ε 表示逼近误差。对于此式的求解,通常采用如下的拉格朗日乘子的形式:

$$\hat{\alpha}=\arg\min_{\alpha}\lambda\|\alpha\|_1+\frac{1}{2}\|\boldsymbol{D}_l\alpha-\boldsymbol{y}\|_2^2 \tag{5-8}$$

其中，λ 用以平衡表示系数的稀疏程度和稀疏分解的精度。

为减少由 $\boldsymbol{X}$ 与 $\boldsymbol{Y}$ 的空间分辨率差异所导致的计算复杂性并简化后续的重建算法，对 $\boldsymbol{Y}$ 进行上采样插值操作，使其空间分辨率尺寸与 $\boldsymbol{X}$ 相同。

$$\boldsymbol{X}_l = Q\boldsymbol{Y} \tag{5-9}$$

其中，$Q:\mathbf{R}^L \rightarrow \mathbf{R}^N$，$X_l$ 表示对观测图像 Y 的插值结果。根据式(5-5)，则式(5-9)可变为：

$$\boldsymbol{X}_l = Q\boldsymbol{Y} = Q(\boldsymbol{BHFX} + v) = Q\boldsymbol{BHFX} + Qv \tag{5-10}$$

令 $\boldsymbol{L}=Q\boldsymbol{BHF}$ 是投影变换矩阵，表示从高分辨率图像到低分辨率图像的下采样降质操作，$\tilde{v}=Qv$，则式(5-10) 简写为：

$$\boldsymbol{X}_l = \boldsymbol{LX} + \tilde{v} \tag{5-11}$$

通过对 $\boldsymbol{X}_l$ 的处理，使重建的结果尽可能地逼近原始图像 $\boldsymbol{X}$。设 $\boldsymbol{x}^k \in \mathbf{R}^n$、$\boldsymbol{y}^k \in \mathbf{R}^n$ 分别表示原始图像 X 和观测图像 Y 的对应位置的第 k 个图像块，考虑有噪声的情况下，由式(5-11) 知：

$$\boldsymbol{y}^k = \boldsymbol{L}^p\boldsymbol{x}^k + \tilde{\boldsymbol{v}}_k \tag{5-12}$$

其中，$\boldsymbol{L}^p$ 是 $\boldsymbol{L}$ 的局部化操作；$\tilde{\boldsymbol{v}}_k$ 表示第 k 个图像块的噪声。由式(5-12) 可知，$\boldsymbol{x}^k = \boldsymbol{D}_h\alpha^k$，$\alpha^k \in \mathbf{R}^K$ 表示第 k 个图像块的表示系数，此式两边同乘以 $\boldsymbol{L}^p$，则有：

$$\boldsymbol{L}^p\boldsymbol{x}^k = \boldsymbol{L}^p\boldsymbol{D}_h\alpha^k \tag{5-13}$$

由式(5-12) 和式(5-13)，则有：

$$\boldsymbol{L}^p\boldsymbol{D}_h\alpha^k = \boldsymbol{L}^p\boldsymbol{x}^k = \boldsymbol{y}^k - \tilde{\boldsymbol{v}}_k \tag{5-14}$$

从而有：

$$\| \boldsymbol{y}^k - \boldsymbol{L}^p\boldsymbol{D}_h\alpha^k \|_2^2 \leqslant \tilde{\varepsilon} \tag{5-15}$$

其中，$\tilde{\varepsilon}$ 表示逼近误差，它与噪声 $\tilde{v}_k$ 的强度有关。这表明观测到的低分辨率图像块 $\boldsymbol{y}^k$ 能够用相同的系数 α^k 与高分辨率字典 $\boldsymbol{D}_h$ 的线性组合在投影变换操作下来逼近表示，而逼近误差是 $\tilde{\varepsilon}$。这意味着对于给定的低分辨率图像 $\boldsymbol{y}^k$，它的表示系数 α^k 可以用来重建相应的高分辨率图像。

由于在过完备冗余字典下稀疏的非零系数能够有效描述复杂的图像结构信息，但是噪声分量在该字典下不具备稀疏表示，将图像中的有用信息部分作为图像中的稀疏成分，而将图像去除其中稀疏成分后得到的逼近残差作为图像中的噪声，这也正是基于稀疏表示的图像去噪的基础。该模型在有效地重建原始图像的同时，能够对噪声(稀疏逼近误差) 进行抑制。

5.1.4 样本准备及改进型 K－SVD 离线字典学习

1. 学习样本准备

在上述模型中，假定重建所需的高／低分辨率字典 $\boldsymbol{D}_h$ 和 $\boldsymbol{D}_l$ 已经存在。事实上，进行超分重建的首要工作是训练出 $\boldsymbol{D}_h$ 和 $\boldsymbol{D}_l$。最简单的方法是直接采用丰富多样的高／低分辨率图像块对（HR－LR patch pairs）随机组成，也可以采用联合字典学习方法，如本章参考文献[11]、[12]、[13]等。但是随机字典中的冗余原子多，会降低编码效率；而联合字典训练方法以稀疏表示系数来反映高分辨率和低分辨率字典间的完全一致的一对一映射关系，但是这种假设稀疏表示系数在不同分辨率特征空间完全一致是不符合实际情况的，因为实际图像的退化过程复杂得多，利用人工下采样得到的图像块对进行字典学习无法准确描述这种关系。为此，本节采取离线字典学习思想分别训练 $\boldsymbol{D}_h$ 和 $\boldsymbol{D}_l$。

在字典学习之前，首先进行训练样本准备。根据要重建的图像类型，采集合适的高分辨率的自然场景图像、雷达图像或红外图像等，记为$\{\boldsymbol{S}_h^i\}$。对这些图像采用式（5－11）中 $\boldsymbol{L}=\boldsymbol{QBHF}$ 投影变换操作，得到对应的低分辨率图像，再将低分辨率的图像进行插值放大到原尺寸，作为低分辨率样本图像$\{\boldsymbol{S}_l^i\}$，需要注意的是，在学习阶段和重建阶段 $\boldsymbol{L}$ 操作应该保持一致。

然后，对样本图像进行滤波，去除结构信息不丰富的部分。对于高分辨率样本图像$\{S_h^i\}$，考虑到学习过程是使高分辨率样本图像块和对应的低分辨率图像块在边缘和纹理结构等特征上保持一致，通过计算图像差 $\boldsymbol{e}_h^i=\boldsymbol{S}_h^i-\boldsymbol{S}_l^i$ 去除其低频部分。对于低分辨率样本图像$\{\boldsymbol{S}_l^i\}$，采用梯度算子或 Laplacian 滤波器进行 R 次高通滤波，记为$\{\boldsymbol{f}_r*\boldsymbol{S}_l^i\}_{r=1}^R$，$*$ 表示卷积运算，以获得局部图像的局部特征并与去除低频后的高分辨率图像块对应。此特征提取和滤波操作过程在整个样本图像上进行而不是作用于图像块，是为了避免由于图像块太小所带来的特征提取时的边界不容易确定的问题。

当得到在局部特征上对应的高／低分辨率样本图像后，通过提取相同位置的图像块，得到字典学习所需的样本图像块对集：$\boldsymbol{S}_h=\{\boldsymbol{s}_h^k\}_{k=1}^N\in\mathbf{R}^n$ 和 $\boldsymbol{S}_l=\{\boldsymbol{s}_l^k\}_{k=1}^N\in\mathbf{R}^n$，$N$ 表示样本数量。其中，$\boldsymbol{s}_h^k$ 直接从高分辨率样本 e_h^i 中提取，大小为$\sqrt{n}\times\sqrt{n}$。

为了得到对应的 s_l^k，首先从 $f_r*S_l^i$ 中的相同位置提取相同大小的图像块，由于对应的 $f_r*S_l^i$ 有 R 个，将 R 个 $f_r*S_l^i$ 进行串联，构成一个维数为 nR 的向量，记为 $\tilde{s}_l^k\in\mathbf{R}^{nR}$，对此向量利用主成分分析（Principal Component Analysis，PCA）进行降维，得到 $\boldsymbol{s}_l^k$，记为 $\boldsymbol{s}_l^k=B\tilde{\boldsymbol{s}}_l^k$，式中，$B$：$\mathbf{R}nR\rightarrow\mathbf{R}n$，表示 PCA 降维操作。

2. 改进型 K－SVD 离线字典学习

根据稀疏表示理论，低分辨率字典 $\boldsymbol{D}_l$ 的学习应该是使低分辨率图像样本集 $S_l=\{s_l^k\}_{k=1}^N\in\mathbf{R}^n$ 的表示误差最小，其目标函数如下：

$$\boldsymbol{D}_l,\{\alpha^k\}=\arg\min_{\boldsymbol{D}_l,\alpha^k}\{\ \|s_l^k-\boldsymbol{D}_l\alpha^k\|_2^2\}_k,\forall k,\|\alpha^k\|_0\leqslant T^0 \tag{5-16}$$

对于该式的求解，典型的 K－SVD 算法中，字典学习过程是每次更新一个字典原子，更新过程中，不仅更新字典原子而且还更新与该原子相乘的非零编码系数。从交替进行字典更新和稀疏编码的 K－SVD 算法思想不难发现：对于目标是得到字典的学习算法来说，稀疏编码系数是中间变量，应该保持系数矩阵 $\boldsymbol{A}=\{\alpha_1,\alpha_2,\cdots,\alpha_N\}$ 支撑集（非零元素）的完整性。于是，式(5－16) 可写成：

$$\{\hat{\boldsymbol{D}}_l,\hat{A}\}=\arg\min_{\boldsymbol{D}_l,A}\ \|S_l-\boldsymbol{D}_l\boldsymbol{A}\|_2^2,\boldsymbol{A}\odot\boldsymbol{M}=0 \tag{5-17}$$

其中，$\boldsymbol{M}$ 是掩码矩阵，$\boldsymbol{A}\odot\boldsymbol{M}$ 示为两个相等大小矩阵的 Hadamard 积，也称为 Schur 积或者对应元素乘积(Entry－wise Pruduct)，约束项 $\boldsymbol{A}\odot\boldsymbol{M}=0$ 是为了使 $\boldsymbol{A}$ 中的非零元素保持完整。

可以采用块坐标下降法进行求解，需要注意的是对向量对($\boldsymbol{d}_j,\boldsymbol{a}_j$) 进行顺序优化，优化过程可以通过对矩阵 $\boldsymbol{E}_j=(S_l-\sum_{i\neq j}d_i\boldsymbol{a}_i^{\mathrm{T}})\odot(1_d\cdot\boldsymbol{m}_j^{\mathrm{T}})$ 进行奇异值分解(SVD) 操作完成，掩码矩阵($1_d\cdot\boldsymbol{m}_j^{\mathrm{T}}$) 是大小为 $n\times N$ 的秩矩阵，表示在 $\boldsymbol{m}_j^{\mathrm{T}}$ 上进行 d 次行复制，该掩码矩阵能够有效地从($\boldsymbol{S}_l-\sum_{i\neq j}d_ia_i^{\mathrm{T}}$) 中去除那些没有使用到第 j 个字典原子的所有相关学习样本。在利用块坐标下降法实现的过程中，当字典更新时固定稀疏编码矩阵，反之亦然，通过字典更新和稀疏编码交替迭代，完成字典 $\boldsymbol{D}_l$ 的学习。

对于重建所需的高分辨率字典 $\boldsymbol{D}_h$，本书通过构造优化目标函数并进行求解直接获得。由式(5－6) 可知，由于要恢复的高分辨率图像块 s_h^k 可以由输入图像的稀疏编码系数 α^k 与高分辨率字典 $\boldsymbol{D}_h$ 的线性组合来逼近表示，也就是 $\boldsymbol{s}_h^k\approx\boldsymbol{D}_h\alpha^k$。在获得 α^k 的情况下，$\boldsymbol{D}_h$ 的求解就应该使这个表示尽可能精确，也就是 $\boldsymbol{D}_h$ 的优化目标应该使逼近误差最小，在高分辨率样本集 $\boldsymbol{S}_h=\{\boldsymbol{s}_h^k\}_{k=1}^N\in\mathbf{R}^n$ 下，其目标函数构造如下：

$$\boldsymbol{D}_h=\arg\min_{\boldsymbol{D}_h}\{\ \|\boldsymbol{s}_h^k-\boldsymbol{D}_h\alpha^k\|_2^2\}_k=\arg\min_{\boldsymbol{D}_h}\ \|\boldsymbol{S}_h-\boldsymbol{D}_h\boldsymbol{A}\|_F^2 \tag{5-18}$$

其中，$\boldsymbol{A}=\{\alpha_1,\alpha_2,\cdots,\alpha_N\}\in\mathbf{R}^{K\times N}$ 是由 α^k 按列向量排列而构成的表示系数矩阵；$\boldsymbol{S}_h=\{\boldsymbol{s}_h^1,\boldsymbol{s}_h^2,\cdots,\boldsymbol{s}_h^N\}\in\mathbf{R}^n$ 是由高分辨率样本图像块按列向量排列而构成的样本矩阵。对不同的图像进行超分重建应该选取不同的高分辨率样本图像块，如针对战场图像超分重建，采用高分辨率的战场侦察图像进行字典训练。

5.1.5　超分重建算法

在重建阶段，待重建图像的初始估计 $\boldsymbol{X}_l$ 采用插值方法得到。当求得待重建图像块的稀疏表示 α^k 并在高分辨率字典 $\boldsymbol{D}_h$ 已知的情况下，由式(5－6) 可以求得近似的高分辨率图像块$\{x^k\}_k=\{D_h\alpha^k\}_k$。由于图像块是重叠的，为保证求得的图像块$\{x^k\}_k$与重建图像的图像块更接近，在式(5－4)的全局约束优化的基础上，增加局部图像块稀疏重建保真度下误差最小项，图像重建目标函数如下：

$$X^*=\arg\min_{X^*}\lambda\ \|X^*-X_l\|_2^2+\{\|R_kX^*-D_h\alpha^k\|_2^2\}_k \tag{5-19}$$

其中，R_k表示提取图像的第k个图像块，第一项全局约束是为了使重建图像与初始估计在整体上保持一致；第二项是局部约束，是保证在稀疏表示下的各个重叠图像块保持一致。这是个二次项优化问题，其最小二乘解析解是：

$$X^*=X_l+[(R_k^{\mathrm{T}}R_k)_k]^{-1}\{R_k^{\mathrm{T}}x^k\}_k \tag{5-20}$$

根据以上分析，基于过完备字典学习和正则化约束稀疏编码的图像超分重建算法详细描述见表5－1所列。

表5－1 图像超分重建算法

输入：高分辨率字典D_h，低分辨率字典D_l，待重建的输入图像Y；
输出：重建的图像X^*；
初始化：图像块数量N，图像块大小n，初始估计X_l（通过对Y进行插值操作获得）；
步骤1：对X_l进行R次滤波（与样本准备阶段相同），得到$(f_k * X_l)$；
步骤2：从左上角开始，设定重叠区域，对R个图像$f_k * X_l$逐一提取相同位置大小为$\sqrt{n}\times\sqrt{n}$的图像块，并将同一位置的图像块进行串联组成一个向量，得到待重建的图像块集$\{\hat{x}_l^k\}_k\in\mathbf{R}^{nR}$；
步骤3：对$\hat{x}_l^k$逐一进行PCA降维操作（与样本准备阶段相同），得到$x_l^k=B\hat{x}_l^k$；
For $i=1$ to N do
步骤4：对每个x_l^k由式(5－8)利用OMP算法进行稀疏编码，得到稀疏表示系数α^k；
步骤5：由α^k和D_h根据式(5－6)求得近似的高分辨率图像块x^k；
步骤6：根据X_l及x^k，利用式(5－20)对X^*进行更新；
End for
步骤7：求得最终结果X^*。

5.1.6 超分重建实验结果

为了验证本章所提出方法的有效性，采用标准测试图像、机载侦察图像和等数据开展仿真图像测试和实拍图像测试，并与传统的插值方法（以下简称为Bicubic）以及相似的Yang等人（以下简称为Yang）的方法进行比较分析。

实验在仿真数据集和实际侦察图像数据集上进行。仿真图像包括标准图像Boston、无人机电视侦察、无人机航空相机侦察构成，通过仿真获取低分辨率图像，如图5－3(a)所示。实际侦察图像由无人机航拍获得，如图5－3(b)所示。

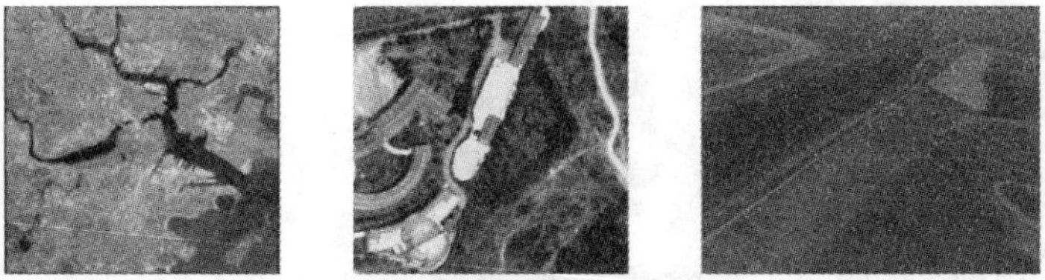

（a）仿真实验图像

（b）实拍侦察图像

图 5－3　测试图像

1. 仿真实验

为了便于人眼更好地观察细节信息，图中给出了仿真实验图像的局部，对比方法既包括传统的双二次线性方法，也包括与所提方法相近似的基于样本学习的方法（Example－based），如图 5－4～图 5－6 所示。

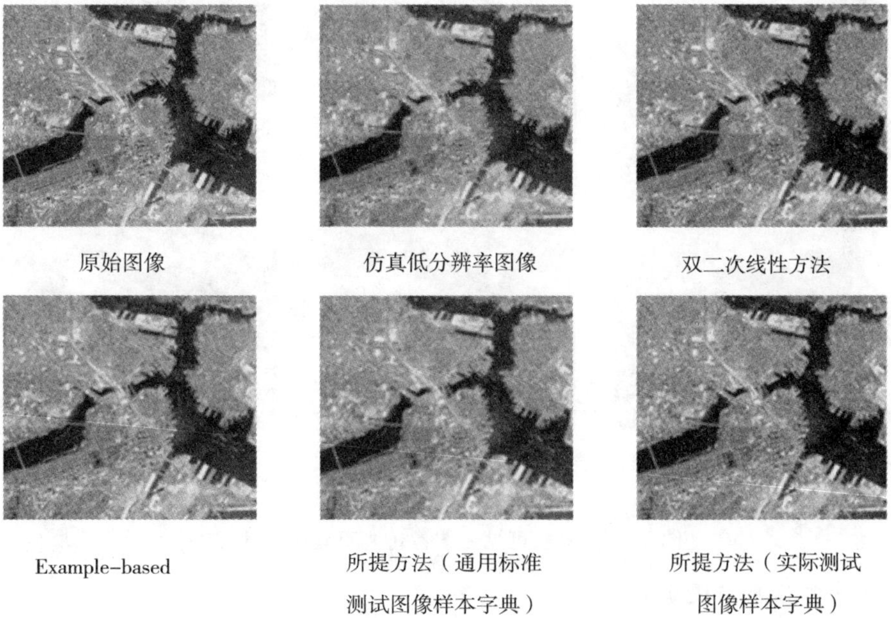

图 5－4　标准图像 Boston 仿真重建结果比较

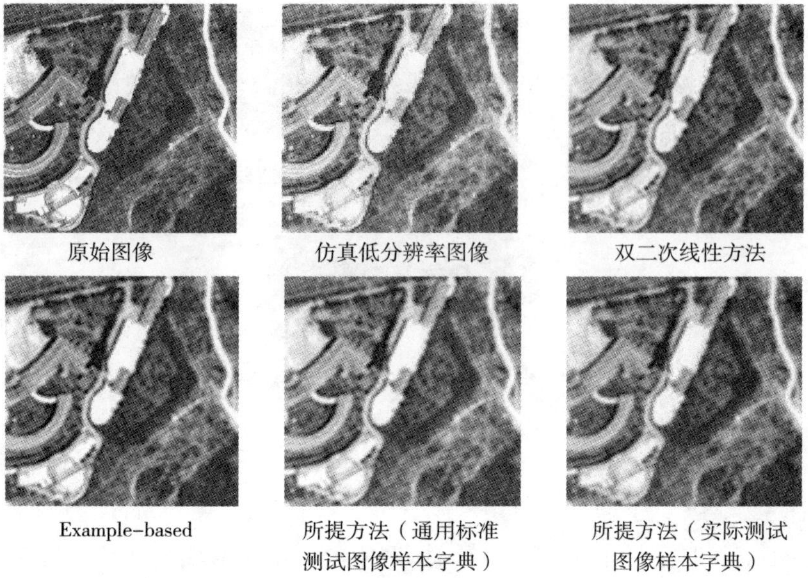

图 5-5　航空相机图像仿真重建结果比较

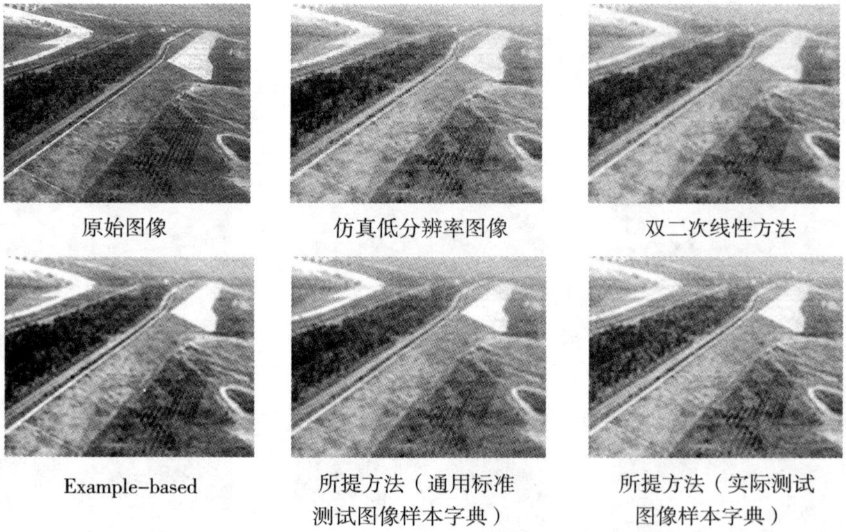

图 5-6　机载可见光图像仿真重建结果比较

2. 实际侦察图像实验

在实际的侦察图像超分辨率实验中，针对无人机航拍侦察图像，采用的对比方法既包括传统的双二次线性方法，也包括与所提方法相近似的基于样本学习的方法(Example - based)，如图 5-7 所示。

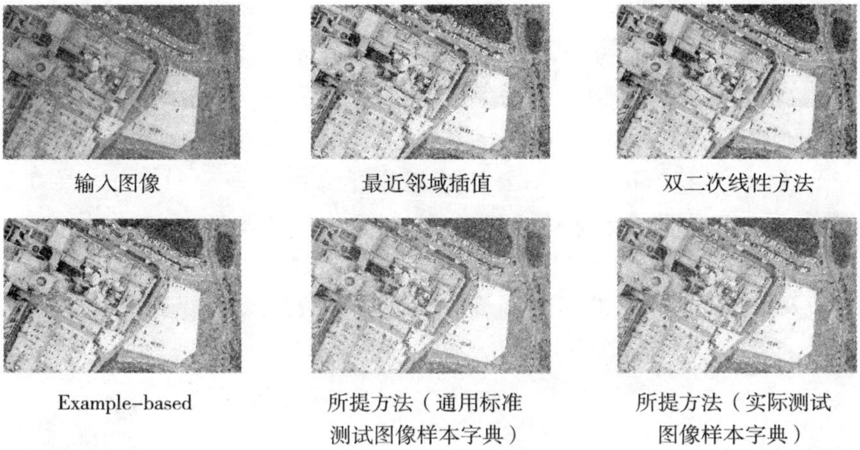

图 5 - 7　实拍图像的重建效果对比

3. 实验分析

从以上实验结果可以发现，无论是仿真测试图像还是实拍侦察图像，所提方法的重建结果从人眼的主观视觉效果看，各类图像目标在大轮廓边缘、小细节信息等方面都明显高于传统的双二次线性方法，如无人机航空相机拍摄的某机场跑道图像，其跑道边缘的锯齿明显降低，与基于样本学习的方法相比效果相当，验证了所提方法的有效性，如图 5 - 5 所示。但是当用相同类型的实际测试图像作为训练样本进行字典学习时，所重建的结果在细节恢复方面要略有提高，如无人机载 SAR 获取的某大坝图像左下角的密集建筑轮廓等细节。

5.2　超分重建侦察图像清晰化质量评价

同上章非稳定平台成像类似，目前超分问题的评价手段还局限于 PSNR、SSIM 和 FSIM 等全参考指标，并且实际中同样面临着缺乏参考图像问题。良好的无参考方法可辅助调整超分重建算法的超参数，并且提供客观高效的准则。

由于可供评价分析的侦察图像数量有限，因此采用通用评价数据集 Waterloo 的纯净图像进行降采样，用几种超分算法进行处理，作为设计评价算法的训练集的一部分。同时采用公开的超分评价数据集 QADS 算法对主观 *MOS* 值的回归训练，由于样本数量少，所以只用它做回归部分的训练，并进行测试，说明所设计评价算法的有效性。最后，再将评价算法作用于 5.1 节超分处理的结果中，进一步说明本章设计的超分效果的优劣。

5.2.1 数据集整理

本章训练所用数据集分为两个部分，对应于后面的两阶段训练。第一部分，将 Waterloo 数据集中纯净图像 2 倍降采样后，使用 3 种超分方法对其超分重建，与原纯净图像组成“原图像—超分图像”分类数据集，记为数据集 1。数据集 1 建立过程如图 5-8 所示。第二部分，使用公开的超分评价数据集 QADS，按 4∶1 划分训练、测试集，记为数据集 2。QADS 包含 20 幅高分参考图像，每幅图像按 2、3 和 4 倍降采样，然后用 21 种超分算法得到 49 幅超分结果，对每一幅超分图像给出 100 个人的 *MOS* 得分及其标准差。图 5-9 给出了数据集中少数样本及 *SSIM* 误差图。

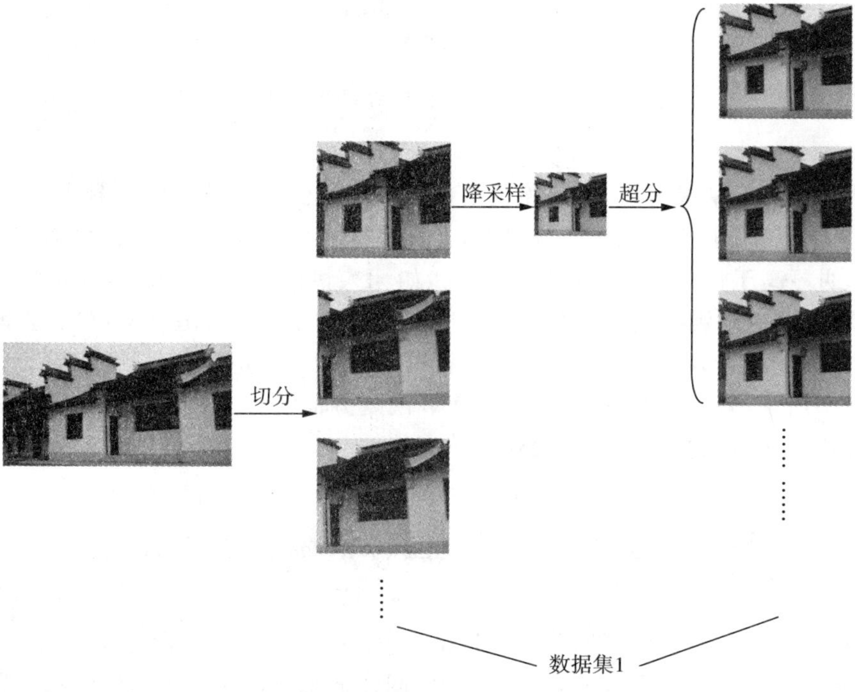

图 5-8　数据集 1 建立过程

(a) 参考图像

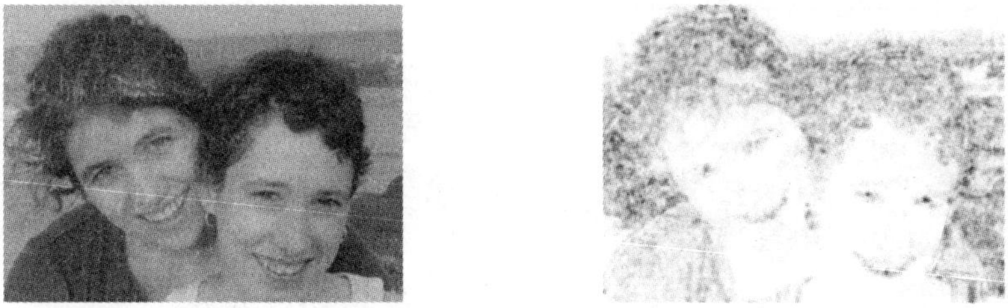

（b）3倍降采样后超分结果及其*SSIM*误差图

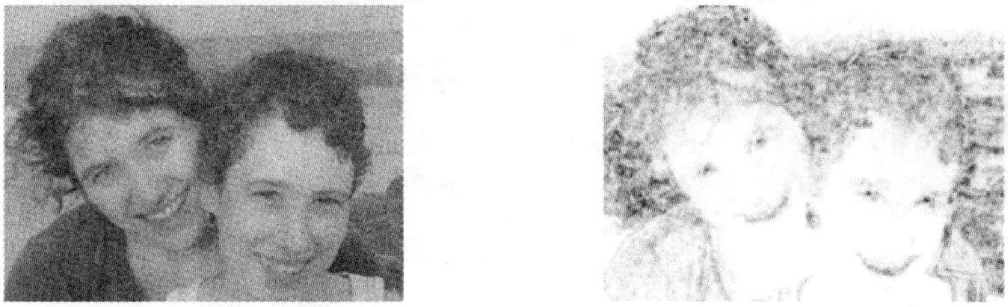

（c）4倍降采样后超分结果及其*SSIM*误差图

图 5－9　QADS 数据集中样本举例

5.2.2　质量评价模型构建

超分图像与一般图像有很大差异，图像超分后引起的失真是局部的，因此简单地对所有图像块质量进行平均很难反映总体图像的降质。本节尝试用 CNN 对整幅图像进行学习，以借助下采样和池化结构逐层保留对修复失真的响应。给定待评价修复图像 I_c，全参考质量评价算法可看作如下等式：

$$S=f(I_s,I_c) \tag{5-21}$$

其中，$f(\cdot)$ 表示某种全参考质量评价算法，I_s 为参考图像，S 为全参考评价得分。而当参考图像 I_s 无法获得时，式(5－21) 退化为无参考质量评价，可用下式表示：

$$\overline{S}=g_\theta(I_c) \tag{5-22}$$

其中，$g_\theta(\cdot)$ 表示无参考质量评价模型，θ 为模型参数，$\overline{S}$ 为模型的预测得分，训练模型以使 $\overline{S}$ 逼近 S。由于缺少 I_s，预测模型 $g_\theta(\cdot)$ 必须包含对原图像的先验知识，而这种先验通常是难以显示地建模，但可以通过训练 CNN 模型隐式地学习。对此，本节用一个 CNN 模型作为 $g_\theta(\cdot)$，来预测超分图像的得分。为了获得 $g_\theta(\cdot)$ 对原图像的感知，训练一个判别模型 $g_\theta'(\cdot)$ 在大量无失真原图像和超分图像中进行分类。$g_\theta'(\cdot)$ 与 $g_\theta(\cdot)$ 的特征提取部分(卷积层) 共用，训练结束后，认为网络模型学习了图像超分前后的主要特征，保留 $g_\theta'(\cdot)$ 的特征提取部分，再用 $g_\theta(\cdot)$ 进行质量得分的回归。本节模型的总体框架如图 5－10 所示。

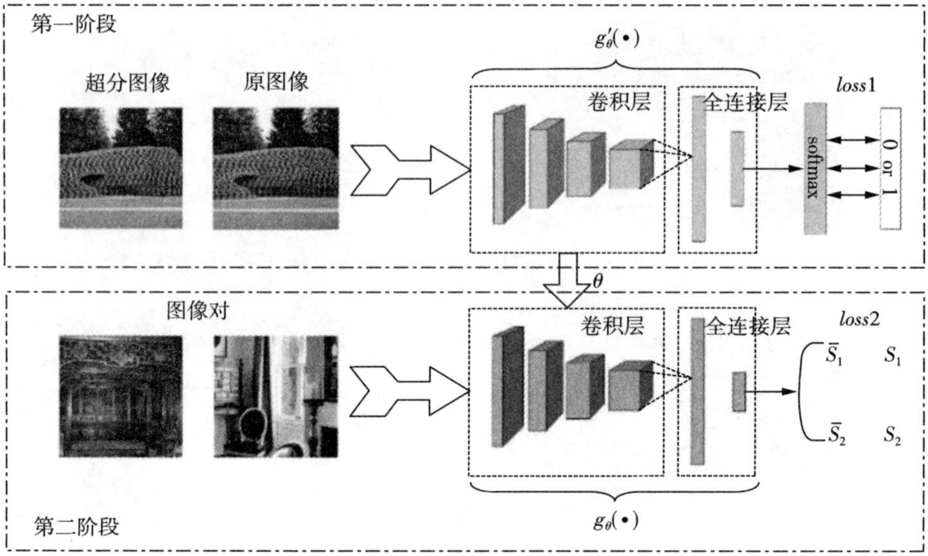

图 5-10　模型总体框架

1. 网络结构

网络结构为4层卷积—池化—归一化—2层全连接层，输入为256×256×3的图像。经过多次试验，发现在BN、LRN、GDN、IN、GN、LN等归一化方法中，GDN、GN和LN能够有效地分类修复和无失真原图，考虑到在类似问题中GDN的广泛应用，因此选用GDN作为归一化层。模型结构与输出维度见表5-2所列，其中conv(5,2,2,8)表示数量为8、大小为5×5的卷积核，进行步长为2的卷积操作，边界填充为2(下同)；pool(2,2)表示大小为2×2，步长为2的最大池化操作；fc(128)表示128个输出节点的全连接层；输出维度C因任务不同而取值不同，在分类任务中$C=2$；在回归得分任务中$C=1$。

表5-2　模型结构与输出维度

层名	操作	输出维度
conv1	conv(5,2,2,8), GDN, pool(2,2)	64×64×8
conv2	conv(5,2,2,16), GDN, pool(2,2)	16×16×16
conv3	conv(5,2,2,32), GDN, pool(2,2)	4×4×32
conv4	conv(3,2,0,64), GDN, pool(2,2)	1×1×64
fc1	fc(128), GDN	128
fc2	fc(C)	C

2. 对比对的产生

同本章参考文献[20]方法相似，本节也采用排序学习，让模型 $g_\theta(\cdot)$ 对任意两幅图像的输出值大小排序与它们全参考评价得分排序相同。因为 SSIM 评价较符合人眼主观感受，且输出值为 0 ～ 1，便于回归，因此本节用它作为待回归全参考方法 $f(I_s, I_c)$。

假设原图像数据量为 N，在 m_2 种掩膜上选用 m_1 种算法进行修复，得到 Nm_1m_2 组图像数据和 $SSIM$ 值。对这些数据两两排列，可得到 $C^2_{Nm_1m_2} = Nm_1m_2(Nm_1m_2 - 1)/2$ 组数据，满足深度学习模型的数据规模。

3. 损失函数

本方法的训练分为两个阶段。第一阶段以分类任务驱动模型学习图像超分后的失真特征。将低分辨率图像视为正例，超分图像视为负例，分类网络 $g_\theta'(\cdot)$ 将输入图像映射为 1 个 2 维向量：

$$g_\theta'(I) = [\hat{y}_0 \quad \hat{y}_1] \tag{5-23}$$

训练样本的标签记为 $[y_0 \quad y_1]$，正负例均按照独热编码。将输出向量经过 softmax 映射为两类的置信度：

$$p_0 = \frac{\exp(\hat{y}_0)}{\exp(\hat{y}_0) + \exp(\hat{y}_1)} \tag{5-24}$$

$$p_1 = \frac{\exp(\hat{y}_1)}{\exp(\hat{y}_0) + \exp(\hat{y}_1)} \tag{5-25}$$

用交叉熵损失函数衡量网络的分类性能：

$$loss1 = \frac{1}{m}\sum_m - y_0 \log p_0 - y_1 \log p_1 \tag{5-26}$$

其中，m 为一次训练批量。由于负例数量远大于正例，对正例进行过采样以平衡。第一步训练结束后，利用前文产生的对比对进行排序和回归的训练。对任一对比图像对 I_{c1}、I_{c2}，假设 $f(I_s, I_{c1}) > f(I_s, I_{c2})$，网络 $g_\theta(\cdot)$ 不仅要使对应的输出逼近全参考指标，还要使两个输出符合相同的得分大小排序，即

$$\begin{cases} g_\theta(I_{c1}) = f(I_s, I_{c1}) \\ g_\theta(I_{c2}) = f(I_s, I_{c2}) \\ g_\theta(I_{c1}) > g_\theta(I_{c2}) \end{cases} \tag{5-27}$$

因此对第二阶段设计了以下损失函数：

$$loss2 = \lambda_1 \max[0, g_\theta(I_{c2}) - g_\theta(I_{c1}) + \varepsilon] + \lambda_2 \left[\frac{|g_\theta(I_{c1}) - f(I_s, I_{c1})| + |g_\theta(I_{c2}) - f(I_s, I_{c2})|}{2} \right] + \lambda_3 \sum |\omega| \tag{5-28}$$

损失函数由 3 项组成，第 1 项为排序损失，当 $g_\theta(I_{c2}) > g_\theta(I_{c1})$ 时，该项大于 0，经过梯度下降会使得网络对 I_{c2} 的响应逐渐变小而对 I_{c1} 的响应逐渐变大，正数 ε 使得对 I_{c2} 的响应下降到阈值以下，避免网络对很多样本的输出值集中于很小的区间。第 2 项为回归损失，这里用了 L_1 范数。第 3 项为神经网络所有权值的正则项，同样使用 L_1 范数。超参数 λ_1、λ_2 和 λ_3 为这 3 项的加权系数。

5.2.3 质量评价实验结果

为了验证算法的有效性，评价实验在公开图像和侦察图像上分别进行测试。首先在公开图像上进行训练，训练过程分为两个阶段：第一阶段，用 Waterloo 纯净图像 2 倍降采样后，使用 3 种超分方法对其超分重建，与原纯净图像组成“原图像——超分图像”分类数据集，用 CNN 进行分类训练；第二阶段，保留模型卷积层参数，使用超分公开图像 QADS(20 幅原图像、每幅图 49 幅超分结果及其 *MOS* 值)，按 4∶1 的比例划分训练、测试集，用排序及回归损失训练模型。而后在公开图像和侦察图像上分别进行测试。选择了两种经典的无参考评价方法 NIQE、IL-NIQE 进行对比。对于 NIQE 和 IL-NIQE，先用原图像计算 NSS 特征，再在特征空间中计算与原图像的距离获得评价结果。

表 5-3 给出了各方法的 SROCC、PLCC、RMSE 三种指标测试结果。可见 NIQE 和 IL-NIQE 方法表现较差，说明了修复失真的特征与一般性失真有很大区别。而本节方法在损失函数上兼顾了三种指标，在对比方法上取得了最优。测试结果表明了本节评价方法在公开图像上的有效性，图 5-11 所示的主客观一致性散点图也说明了此结论。

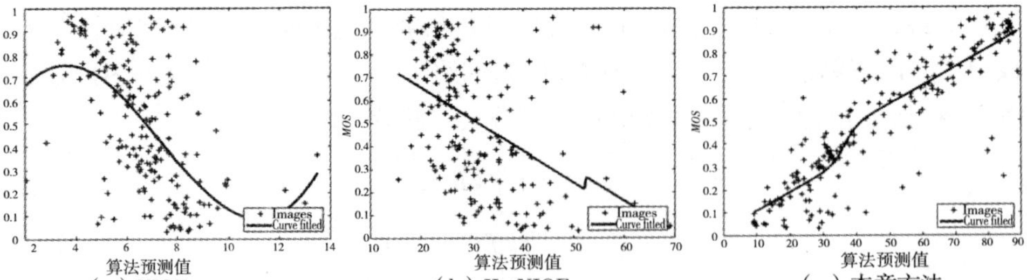

(a) NIQE　(b) IL-NIQE　(c) 本章方法

图 5-11　对比算法测试结果散点图

表 5-3　公开图像主客观一致性算法对比结果

算法	SROCC	PLCC	RMSE
NIQE	0.5921	0.5990	0.2253
IL-NIQE	0.5430	0.4911	0.2455
本节方法	0.8948	0.8990	0.1232

在侦察图像测试中，采用航拍侦察图像超分重建获取清晰化实验图像，场景包含了建筑、植被、水体，如图 5-12 所示为部分实验图像。为了验证算法的通用性，实验图像中包含了 SRCNN 和 CSC 两种算法超分重建结果。

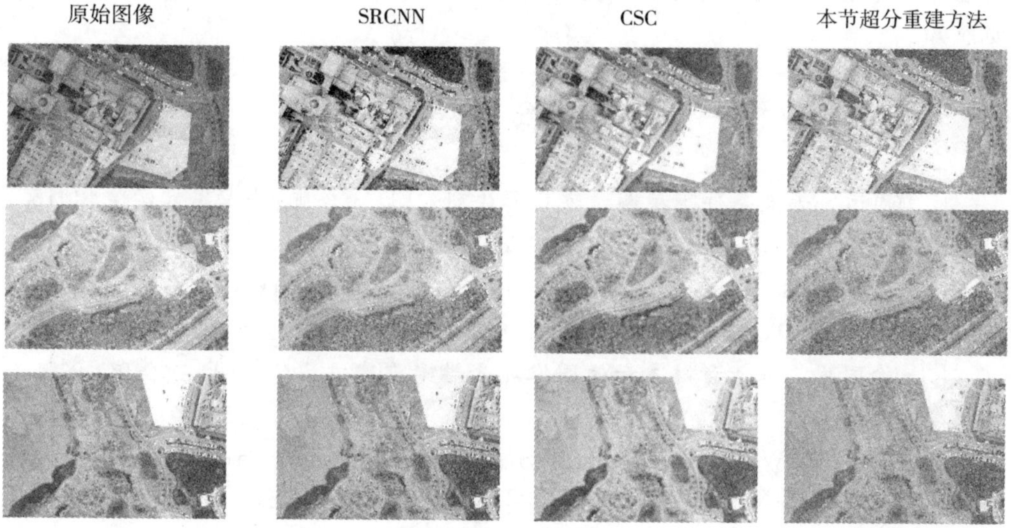

图 5-12　超分图像测试数据

表 5-4 给出了在侦察图像上各方法的 SROCC、PLCC、RMSE 三种指标测试结果。从表中可知，本节评价方法同对比方法相比较优。测试结果表明本节评价方法能够良好地评价无人机侦察超分重建图像。

表 5-4　侦察图像主客观一致性算法对比结果

算法	SROCC	PLCC	RMSE
NIQE	0.4367	0.5332	0.2754
IL-NIQE	0.5832	0.4351	0.2358
本节方法	0.8734	0.8483	0.1732

本节方法的拓展可用到高光谱图像的超分重建及质量评价上。

5.3 本章小结

针对无人机侦察图像存在分辨率较低的情况，本章在分析低分辨率侦察图像特点的基础上，结合图像稀疏思想提出了基于稀疏表示的无人机侦察图像超分重建清晰化方法，解决了无人机侦察图像低分辨率的问题，重建后的图像在大轮廓边缘和小纹理细节上符合主观视觉感知。此外根据清晰化的结果提出了基于卷积神经网络的无人机侦察清晰化图像质量评价方法，该方法基于卷积神经网络通过对比对产生构建网络模型并对损失函数进行训练实现质量评价。实验结果表明，该算法能较好地解决超分重建清晰化后图像的质量评价问题，实验结果符合人眼视觉感知。

本章参考文献

[1] 周远．雨天条件下视频清晰化算法研究[D]．合肥：陆军军官学院，2015.

[2] Henriksson L, Hyvarinen A, Vanni S. Representation of Cross - Frequency Spatial Relationships in Human Visual Cortex [J]. Journal of Neuroscience, 2009, 14342 - 14351.

[3] 徐国明．基于稀疏表示的图像超分辨率重建方法研究[D]．合肥：合肥工业大学，2015.

[4] Yang J, Wright J, Huang T S, et al. Image super - resolution as sparse representation of raw image patches[C]. IEEE Computer Society Conference on Computer Vision and Pattern Recognition (CVPR 2008), June 2008, Anchorage, Alaska, USA., 2008: 24 - 26.

[5] Wang Q, Tang X, Shum H. Patch based blind image super resolution [C]. IEEE International Conference on Computer Vision, 2005.

[6] 徐国明，袁宏武，许蒙恩，等．图像块稀疏结构相似度邻域约束超分辨率方法[J]．计算机辅助设计与图形学学报，2018，30(9)：1662 - 1669.

[7] 张雯雯，韩裕生，黄勤超，等．基于多尺度卷积稀疏编码的红外图像快速超分辨率[J]．计算机辅助设计与图形学学报，2018，30(10)：1935 - 1942.

[8] Farsiu S, Robinson M D, Elad M, et al. Fast and robust multiframe super resolution[J]. IEEE Transactions on Image Processing, 2004, 13(10): 1327 - 1344.

[9] Elad M, Figueiredo M A T, Lei Y. On the Role of Sparse and

Redundant Representations in Image Processing[J]. Proceedings of the IEEE, 2010, 98(6): 972 - 982.

[10] Elad M, Aharon M. Image Denoising Via Learned Dictionaries and Sparse representation [C]. IEEE Computer Society Conference on Computer Vision and Pattern Recognition, 2006.

[11] Yang J, Wright J, Huang T, et al. Image superresolution via sparse representation[J]. IEEE Transactions on Image Processing, 2010, 19(11): 1 -8.

[12] Yang J, Wang Z, Lin Z, et al. Coupled dictionary learning for image super - resolution [J]. IEEE Transactions on Image Processing, 2012, 21: 3467 -3478.

[13] He L, Qi H R, Zaretzki R. Beta Process Joint Dictionary Learning for Coupled Spaces with Application to Single Image Super - Resolution [C]. CVPR 2013.

[14] Zeyde R, Elad M, Protter M. On Single Image Scale - Up Using Sparse - Representations[J]. 2010: 24 - 30.

[15] 张雯雯,韩裕生,黄勤超,等. 基于多尺度卷积稀疏编码的红外图像快速超分辨率[J]. 计算机辅助设计与图形学学报,2018,30(10):1935 - 1942.

[16] Tseng P, Yun S. Block - coordinate gradient descent method for linearly constrained nonsmooth separable optimization [J]. Journal of Optimization Theory and Applications, 2009, 140(3): 513 - 535.

[17] Wang Z, Bovik A C, Sheikh H R, et al. Image Quality Assessment: From Error Visibility toStructural Similarity[J]. IEEE Transactions on Image Processing, 2004, 13(4): 600 - 612.

[18] Zhang L , Zhang L, Mou X, et al. FSIM: A Feature Similarity Index for Image Quality Assessment[J]. IEEE Transactions on Image Processing, 2011, 20(8): 2378 - 2386.

[19] Ma K ,Wu Q , Wang Z , et al. Group MAD Competition - A New Methodology to Compare Objective Image Quality Models [C]. IEEE Conferene on Computer Vision and Pattern Recognition. 2016.

[20] Mittal A, Moorthy A K, Bovik A C. No - reference image quality assessment in the spatial domain[J]. IEEE Transactions on image processing, 2012, 21(12): 4695 - 4708.

[21] Mittal A, Soundararajan R, Bovik A C. Making a "Completely Blind" image quality analyzer[J]. IEEE Signal Processing Letters, 2013, 20 (3):

209 -212.

[22] Lin Z, Lei Z, Bovik A C. A feature - enriched completely blind image quality evaluator[C]. IEEE Transactions on Image Processing, 2015, 24(8): 2579 - 2591.

[23] 刘永峰，王年，王峰，等. 基于谱间相似性的高光谱图像稀疏超分辨率算法[J]. 红外与激光工程，2019，48(S1)：187 - 198.

[24] 薛松，张思雨，刘永峰. 高光谱超分图像质量评价[J]. 激光与光电子学进展，2019，56(4)：87 - 95.

第 6 章　含噪侦察图像清晰化及质量评价

图像去噪技术目前仍在不断发展和深化研究中，尤其是关键目标信息被噪声淹没时，迫切需要在去除噪声的同时尽可能保持信息的有效程度，多年来人们已经构建了很多有效的去噪方法。本章针对典型的含噪侦察图像（弹载图像）采用多通道加权核范数最小化的方法进行去噪研究，设计了基于 MVG 的质量评价方法对其去噪效果加以评估。

6.1　含噪侦察图像标点及噪声模型

6.1.1　含噪侦察图像特点

如前所述，噪声普遍存在于各类图像中，下面以侦察图像中的弹载图像为例进行分析。其成像平台为图像侦察弹，一般由侦察器件、无线电发射机、天线和电源等部件组成。侦察器件既可以是数码相机、摄像机类的成像器件，也可以是声、磁、震动传感器；无线电发射机和天线负责将侦察器件采集到的信息传回后方；电源为侦察器件和无线电发射机提供电力支持。

图像侦察弹在达到最高弹道高度时才启动侦察器件，在降落过程中对下方区域实施侦察，边降落边工作。由于受弹体自旋、降落伞扰动、风、成像器件受损、无线传输干扰等不确定因素的影响，弹载图像具有明显的噪声现象，呈现以下四个显著特点：

(1)一般为运动图像，覆盖范围广、背景变化快；

(2)数字化后信息量大、传输实时性要求高，存在编解码信息损失影响；

(3)成像环境恶劣，存在各种随机干扰，降质因素偶发性强；

(4)侦察器件体积小、高过载条件下成像器件受损可能性大。

这些特点的存在会显著影响其图像质量。

考虑弹载图像的特点，对实弹拍摄的图像进行统计分析，可以发现存在以下几类明显失真：边降落边旋转带来的噪声、弹体抖动产生的散焦、高过载形成的成像器件损伤、编解码带来的误差、各类随机噪声、复杂电磁环境带来的干涉等，如图 6-1(a)～(e)所示的弹载侦察图像典型噪声情况。由于成像平台在空中条件的不可预见性，因此弹载侦察图像具有一种或多种显性和隐形的混合噪声情形，如图 6-1(f)所示。

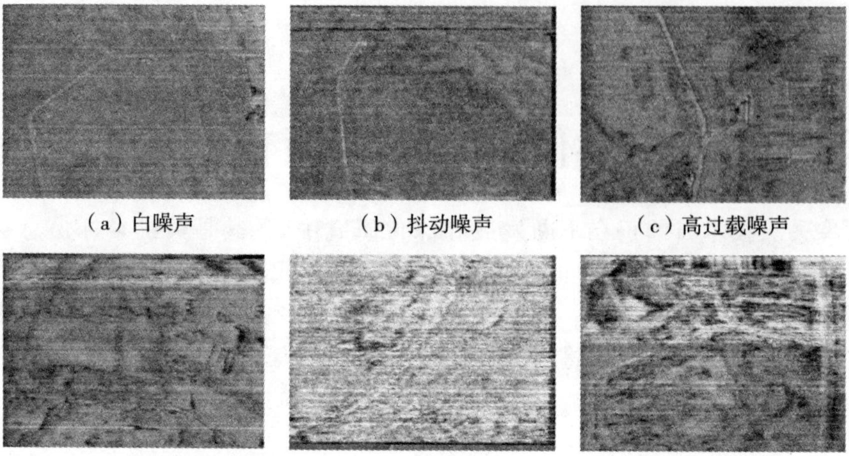

（a）白噪声　（b）抖动噪声　（c）高过载噪声

（d）编解码噪声　（e）条纹噪声　（f）混合噪声

图 6－1　弹载侦察图像存在的噪声

6.1.2　图像噪声模型

大多数数字图像和视频都是从电荷耦合器件（Charge－Coupled Device，CCD）获得的。图像在数字化形成的任何一个阶段都有可能受到噪声的影响，一般由于电子器件本身原因产生的噪声为电子噪声，该类噪声均符合高斯分布；而受到光照等光子导致的噪声为散粒噪声，一般符合泊松分布。由于噪声的不可预测性，可通过概率统计的方法对其进行分类。可建立图像退化复原模型，如图 6－2 所示。

$$I_0(x,y)=H(x,y)I(x,y)+n(x,y) \tag{6-1}$$

其中，$H(x,y)$表示退化函数；$I(x,y)$表示原图像；$n(x,y)$表示噪声；$I_0(x,y)$表示含噪声图像。去噪的过程是指尽可能从含噪声图像 $I_0(x,y)$中恢复图像 $\hat{I}(x,y)$，使得 $\hat{I}(x,y)\approx I(x,y)$。

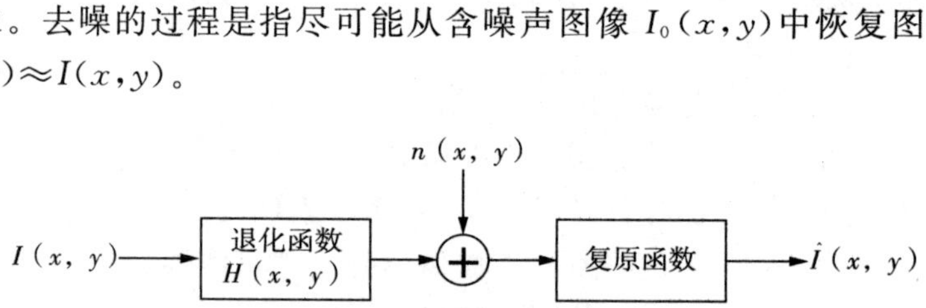

图 6－2　图像退化复原模型

CCD 成像会造成三种噪声：

第一种是曝光时间内拍摄噪声与捕获器中入射光子数的平方根成正比，即

$$n_0=\sqrt{\frac{\Phi}{hv}t\cdot A\cdot \eta} \tag{6-2}$$

其中，Φ 是光功率（W/m^2）；hv 是光子能量；t 是单位为秒的曝光时间；A 是像素面积（m^2）；η 为量子效率；其他参数为固定的常数。因此可将式（6－2）简化为 $n_0 = c\sqrt{\Phi}$，其中，Φ 为真实图像；c 为常数。

第二种为暗噪声。暗噪声 n_1 是由成像器件本身产生的虚假光子造成的。我们可以假设暗噪声是白色的、加性的，均值为零。零平均值属性是由从原始图像中减去一个暗帧所致。暗帧是通过对长时间内的模糊噪声求平均获得。

第三种为读出噪声。读出噪声 n_2 是另一种与信号无关的电子加性噪声。可以假设该噪声为零均值噪声，通过从原始图像的偏置帧中减去获得。

数字图像最终会进行伽马校正，即非线性增加的对比度变化。伽马校正是通过摄影、电视和计算机成像显示图像时进行的内部调整，该调整使图像最亮和最暗部分之间的显示处于合适的阴影范围：

$$u(i) = g\left[\Phi(i) + c\sqrt{\Phi(i)}\,n_0(i) + n_1(i) + n_2(i)\right] \tag{6-3}$$

其中，$u(i)$ 为像素 i 处观察的强度；$\Phi(i)$ 为场景到像素 i 的平均光强度；c 为常数；$n_0(i)$、$n_1(i)$、$n_2(i)$ 为三个独立的白噪声；g 为伽马校正，$g(s) = s^{\alpha}$，$0 < \alpha < 1$，当 $\Phi(i)$ 较大时，噪声 $\sqrt{\Phi(i)}$ 控制 $n_1(i)$ 和 $n_2(i)$，并且被 $\Phi(i)$ 控制。因此可将式(6－3)展开为：

$$u(i) \simeq g[\Phi(i)] + g'[\Phi(i)]\left[c\sqrt{\Phi(i)}\,n_0(i) + n_1(i) + n_2(i)\right] = g[\Phi(i)] + n(i) \tag{6-4}$$

如果 $\Phi(i)$ 较小，并且小于 $n_1(i) + n_2(i)$，则有：

$$n(i) \simeq u(i) \simeq g[n_1(i) + n_2(i)] \tag{6-5}$$

如果 $g(s) \simeq s^{1/2}$，则噪声 $n(i)$ 可定义如下：

$$n(i) \simeq \begin{cases} n_0(i), & \text{图像中亮的部分} \\ \sqrt{n_1(i) + n_2(i)}, & \text{图像中暗的部分} \end{cases} \tag{6-6}$$

式(6－4)、式(6－5)中 $n_0(i)$，$n_1(i)$，$n_2(i)$ 白噪声的独立性基于以下假设：

假设在数字图像中，每个像素 i 处的噪声模型仅依赖于原始像素值 $\Phi(i)$，并且是可加的，设 $J(x)$ 为一系列具有初始像素值 i 的像素，则 $n(j)$，$j \in J(i)$ 是相互独立的且具有相同分布。

由于 $\Phi(i)$ 是未知的，因此假设不能被直接应用，需要求得每一个像素 i 的 $J(x)$。最简单的方法是假设具有相同观测值 $u(i)$ 的所有像素具有相同的噪声模型。假设的一个更复杂的用法是对于图像中的给定像素，检测具有相同基础模型

的所有像素。根据假设，$J(i)$ 中的每个 j 服从模型 $u(j)=v(i)+n(j)$，$n(j)$ 为独立同分布。而后可通过 $NFu(i)=[1/|J(i)|]\sum_{j\in J(i)}u(j)$ 替换 $u(i)$ 进行去噪。通过自变量的方差公式，得到 $NFu(i)=v(i)+\tilde{n}(i)$，其中：

$$\mathrm{Var}[\tilde{n}(i)]=\frac{1}{|J(i)|}\mathrm{Var}[n(i)] \tag{6-7}$$

6.2 噪声侦察图像清晰化技术

彩色图像去噪主要有三种方法。第一种方法是对每个通道应用灰度图像去噪算法。然而，这种直接的方法并不能充分利用 RGB 通道之间的频谱相关性，而且去噪性能也不太理想。第二种方法是将 RGB 图像转换为相关性较小的颜色空间，例如 YCbCr，并在转换空间的每个通道中应用图像去噪算法，这种方法的代表性算法为 CBM3D。但是，颜色变换会使噪声分布复杂化，色彩通道间的相关性得不到充分利用。第三种方法是同时对 RGB 通道进行联合去噪，以更好地利用频谱相关性。例如将 RGB 通道的图像块连接为长向量以进行处理。

虽然 RGB 通道的联合去噪是一种更有效的彩色图像去噪方法，但它并不是从单通道（灰度图像）到多通道（彩色图像）的简单扩展。标准 RGB(sRGB) 空间中的噪声可以近似地看作加性高斯白噪声（Additive White Gaussian Noise，AWGN），但由于成像器件的传感器特性，不同的通道上方差的不同使得真实彩色图像的去噪问题更加复杂。如果在联合去噪过程中对这三个通道进行同等处理，则会产生假颜色或伪影。因此需要考虑彩色通道中不同的噪声特性，有效地利用通道内和通道间的相关性。

参考经典的加权核范数最小化（Weighted Nuclear Norm Minimization，WNNM）方法，通过低阶正则化利用图像的 NSS 特性，在灰度图像上取得了良好的去噪性能，因此将 WNNM 扩展到真彩色图像去噪，将 RGB 通道中的图像块连接起来实现最小化秩，并映入了权重矩阵以平衡三个通道的噪声程度。

6.2.1 加权核范数最小化

加性高斯白噪声模型为 $y=x+n$，其中噪声 n 的均值为 0，方差为 σ_n^2。对噪声图像 y 进行分块，其局部 y_j 图像块可以通过块匹配等类似的方法在整个图像中搜索非局部相似块。然后将 y_j 的所有非局部相似块垒叠到一个矩阵 $\boldsymbol{Y}_i$ 中，即 $\boldsymbol{Y}_i=\boldsymbol{X}_i+\boldsymbol{N}_i$，其中

$$\hat{\boldsymbol{X}}_i=\arg\min_{x_i}\frac{1}{\sigma_n^2}\|\boldsymbol{Y}_i-\boldsymbol{X}_i\|_F^2+\|\boldsymbol{X}_i\|_{w,*} \tag{6-8}$$

$$\| \boldsymbol{X} \|_{w,*} = \sum_{i} | w_i \sigma_i(\boldsymbol{X}) | \tag{6-9}$$

式(6-9)中 $\| \boldsymbol{X} \|_{w,*}$ 为矩阵 $\boldsymbol{X}$ 的加权核范数，$\boldsymbol{w}=[w_1, w_2, \cdots, w_n]^{\mathrm{T}}(w_i \geqslant 0)$ 为矩阵 $\boldsymbol{X}$ 中第 i 个奇异值对应的权重向量。如果权重是非负的，通过奇异值分解 $\boldsymbol{Y}=\boldsymbol{U}\sum\boldsymbol{V}^{\mathrm{T}}$ 得到式(6-8)的全局最优解：

$$\hat{\boldsymbol{X}}=\boldsymbol{U}\boldsymbol{S}_{w/2}\sum\boldsymbol{V}^{\mathrm{T}} \tag{6-10}$$

其中，$\boldsymbol{S}_{w/2}$ 为权重向量 $\boldsymbol{w}$ 下的软阈值函数：

$$\boldsymbol{S}_{w/2}=\max(\sum_{ii}-w_i/2, 0) \tag{6-11}$$

于是 X 的第 j 个奇异值的权重应为：

$$w_j = c\sqrt{n}/[\sigma_j(\boldsymbol{X}_i)+\varepsilon] \tag{6-12}$$

其中，$c_1>0$ 为常数，n 表示 Y_j 中相似图像块的数量，假设噪声在空间 U,V 中均匀分布，则 $\sigma_j(\boldsymbol{X}_i)$ 可估计为：

$$\hat{\sigma}_j(\boldsymbol{X}_i)=\sqrt{\max\{[\sigma_j^2(\boldsymbol{Y}_i)]-n\sigma_n^2, 0\}} \tag{6-13}$$

6.2.2　多通道加权核范数最小化模型

彩色图像去噪问题是从噪声图像 $y_c=x_c+n_c$ 中恢复无噪声图像 x_c，其中 $c=\{r,g,b\}$ 是彩色通道，n_c 是通道中的噪声。基于图像块的图像去噪方法得到了较好的去噪效果，对于一幅有噪声的彩色图像 y_c，提取 $p\times p\times 3$ 大小的局部图像块并将其拉伸成一个向量，用 $\boldsymbol{y}=[\boldsymbol{y}_r^{\mathrm{T}}, \boldsymbol{y}_g^{\mathrm{T}}, \boldsymbol{y}_b^{\mathrm{T}}]^{\mathrm{T}}\in\mathbf{R}^{3p^2}$ 表示，其中 $\boldsymbol{y}_r, \boldsymbol{y}_g, \boldsymbol{y}_b\in\mathbf{R}^{p^2}$ 是 RGB 通道中的局部图像块。对于每个局部图像块 y，在其周围相对较大的局部窗口中，通过欧几里德距离搜索与其最相似的 M 个块(包括图像块 y 本身)。通过逐列叠加 M 个相似块，可以得到一个噪声块矩阵 $\boldsymbol{Y}=\boldsymbol{X}+\boldsymbol{N}\in\mathbf{R}^{3p^2\times M}$，其中 $\boldsymbol{X}$ 和 $\boldsymbol{N}$ 是对应的无噪声和噪声块矩阵。

彩色图像去噪算法考虑彩色通道中不同的噪声强度，需要引入一个权重矩阵 $\boldsymbol{W}$ 来平衡 RGB 通道中的噪声，建立多通道 WNNM 模型：

$$\min_{X} \| \boldsymbol{W}(\boldsymbol{Y}-\boldsymbol{X}) \|_F^2 + \| \boldsymbol{X} \|_{w,*} \tag{6-14}$$

设置权重向量 $\boldsymbol{w}$ 的核规范 $w_i^{k+1}=C/(|\sigma_i(X_k)|+\varepsilon)$，其中 $\varepsilon>0$。$\sigma_i(X_k)$ 为第 k 次迭代时估计矩阵 $\boldsymbol{X}$ 的第 i 个奇异值。如果 $\sigma_r=\sigma_g=\sigma_b$，则多通道 WNNM 模型将简化为串联 WNNM 模型。通过对权值矩阵 $\boldsymbol{W}$ 进行设置和优化，多通道 WNNM 模型可获得较好的彩色图像去噪效果。

6.2.3　权重矩阵

定义噪声图像块矩阵 $\boldsymbol{Y}=[\boldsymbol{Y}_r^{\mathrm{T}}, \boldsymbol{Y}_g^{\mathrm{T}}, \boldsymbol{Y}_b^{\mathrm{T}}]^{\mathrm{T}}$，$\boldsymbol{Y}_r, \boldsymbol{Y}_g, \boldsymbol{Y}_b$ 分别是 R、G、B 通道中对应

图像块的矩阵，与之相对应的清晰矩阵为 $\boldsymbol{X}=[\boldsymbol{X}_r^{\mathrm{T}},\boldsymbol{X}_g^{\mathrm{T}},\boldsymbol{X}_b^{\mathrm{T}}]^{\mathrm{T}}$。权重矩阵 $\boldsymbol{W}$ 可以在最大后验(Maximum A Posterior，MAP)估计框架下确定：

$$\hat{\boldsymbol{X}}=\arg\max_{\boldsymbol{X}}\ln P(\boldsymbol{X}|\boldsymbol{Y},\boldsymbol{w})=\arg\max_{\boldsymbol{X}}\{\ln P(\boldsymbol{X}|\boldsymbol{Y})+\ln P(\boldsymbol{X}|\boldsymbol{w})\} \quad (6-15)$$

对数似然项 $\ln P(\boldsymbol{Y}|\boldsymbol{X})$ 具有同噪声相似的统计特性。假设噪声在 RGB 通道之间是独立的，并且在每个通道中独立同分布，且具有高斯分布和标准差 $\{\sigma_r,\sigma_g,\sigma_b\}$。

$$P(\boldsymbol{Y}|\boldsymbol{X})=\prod_{c\in\{r,g,b\}}(2\pi\sigma_c^2)^{-\frac{3p}{2}}\exp\left(-\frac{1}{2\sigma_c^2}\|Y_c-X_c\|_F^2\right) \quad (6-16)$$

对 X 进行小加权核规范先验，$\|\boldsymbol{X}\|_{w,*}=\sum_i w_i\sigma_i(\boldsymbol{X})$ 服从稀疏分布：

$$P(\boldsymbol{X}|\boldsymbol{w})\propto\exp(-\frac{1}{2}\|\boldsymbol{X}\|_{w,*}) \quad (6-17)$$

将式(6－17)、式(6－16)带入式(6－15)可得：

$$\begin{aligned}\hat{\boldsymbol{X}}&=\arg\min_{\boldsymbol{X}}\sum_{c\in\{r,g,b\}}\frac{1}{\sigma_c^2}\|(Y_c-X_c)\|_F^2+\|\boldsymbol{X}\|_{w,*}\\&=\arg\min_{\boldsymbol{X}}\|\boldsymbol{W}(\boldsymbol{Y}-\boldsymbol{X})\|_F^2+\|\boldsymbol{X}\|_{w,*}\end{aligned} \quad (6-18)$$

$$\boldsymbol{W}=\begin{pmatrix}\sigma_r^{-1}\boldsymbol{I} & 0 & 0\\ 0 & \sigma_r^{-1}\boldsymbol{I} & 0\\ 0 & 0 & \sigma_r^{-1}\boldsymbol{I}\end{pmatrix} \quad (6-19)$$

其中，$\boldsymbol{I}\in\mathbf{R}^{p^2\times p^2}$ 为单位矩阵。式(6－19)表明权重矩阵 $\boldsymbol{W}$ 为对角矩阵，由每个通道中的噪声标准差确定。通道中的噪声越强，通道对 $\boldsymbol{X}$ 估计的贡献就越小。

6.2.4 模型优化

由于多通道 WNNM 模型没有解析解，因此使用变量分裂法求解多通道 WNNM 模型。通过引入一个增广变量 $\boldsymbol{Z}$，多通道 WNNM 模型可以被重新表述为一个具有两个变量 $\boldsymbol{X}$ 和 $\boldsymbol{Z}$ 的线性等式约束问题：

$$\min_{\boldsymbol{X},\boldsymbol{Z}}\|\boldsymbol{W}(\boldsymbol{Y}-\boldsymbol{X})\|_F^2+\|\boldsymbol{Z}\|_{w,*} \quad (6-20)$$

由于目标函数是两个变量可分离的，所以式(6－20)可以通过交替方向乘子法(Alternating Direction Method of Multipliers，ADMM)框架求解。增广拉格朗日函数为：

$$L(\boldsymbol{X},\boldsymbol{Z},\boldsymbol{A},\rho)=\|\boldsymbol{W}(\boldsymbol{Y}-\boldsymbol{X})\|_F^2+\|\boldsymbol{Z}\|_{w,*}+\langle\boldsymbol{A},\boldsymbol{X}-\boldsymbol{Z}\rangle+\frac{\rho}{2}\|\boldsymbol{X}-\boldsymbol{Z}\|_F^2 \tag{6-21}$$

其中，$\boldsymbol{A}$ 是增广拉格朗日乘子；$\rho>0$ 是惩罚参数。将矩阵变量 $\boldsymbol{X}_0$，$\boldsymbol{Z}_0$ 和 $\boldsymbol{A}_0$ 初始化为零矩阵，并将 $\rho>0$ 初始化为合适的值。分别用（$\boldsymbol{X}_k$，$\boldsymbol{Z}_k$）和 $\boldsymbol{A}_k$ 表示迭代 k（$k=0$，1，2，…）时的优化变量和拉格朗日乘数。通过计算拉格朗日函数关于 $\boldsymbol{X}$ 和 $\boldsymbol{Z}$ 的导数，并将导数函数设置为零，我们可以按如下步骤更新变量：

（1）更新 $\boldsymbol{X}$ 并固定 $\boldsymbol{Z}$ 和 $\boldsymbol{A}$：

$$\boldsymbol{X}_{k+1}=\arg\min_{\boldsymbol{X}}\|\boldsymbol{W}(\boldsymbol{Y}-\boldsymbol{X})\|_F^2+\frac{\rho_k}{2}\|\boldsymbol{X}-\boldsymbol{Z}_k+\rho_k^{-1}\boldsymbol{A}_k\|_F^2 \tag{6-22}$$

将问题转化为一个具有闭合形式解的标准最小二乘回归问题：

$$\boldsymbol{X}_{k+1}=\left(\boldsymbol{W}^{\mathrm{T}}\boldsymbol{W}+\frac{\rho_k}{2}\boldsymbol{I}\right)^{-1}\left(\boldsymbol{W}^{\mathrm{T}}\boldsymbol{W}\boldsymbol{Y}+\frac{\rho_k}{2}\boldsymbol{Z}_k-\frac{1}{2}\boldsymbol{A}_k\right) \tag{6-23}$$

（2）更新 Z 并固定 $\boldsymbol{X}$ 和 $\boldsymbol{A}$：

$$\boldsymbol{Z}_{k+1}=\arg\min_{\boldsymbol{Z}}\frac{\rho_k}{2}\|\boldsymbol{Z}-(\boldsymbol{X}_{k+1}+\rho_k^{-1}\boldsymbol{A}_k)\|_F^2+\|\boldsymbol{Z}_k\|_{w,*} \tag{6-24}$$

本章参考文献[6]给定了 $\boldsymbol{X}_{k+1}+\rho_k^{-1}\boldsymbol{A}_k$ 的 SVD 为 $\boldsymbol{X}_{k+1}+\rho_k^{-1}\boldsymbol{A}_k=\boldsymbol{U}_k\sum_k\boldsymbol{V}_k{}^{\mathrm{T}}$，其中，$\sum_k=\begin{pmatrix}\mathrm{diag}(\sigma_1,\sigma_2,\cdots,\sigma_M)\\0\end{pmatrix}\in\mathbf{R}^{3p^2\times M}$（假设 $3p^2\geqslant M$）。上述问题的全局最优解为 $\hat{\boldsymbol{Z}}_{k+1}=\boldsymbol{U}_k\hat{\sum}_k\boldsymbol{V}_k^{\mathrm{T}}$，其中，$\hat{\sum}_k=\begin{pmatrix}\mathrm{diag}(\hat{\sigma}_1,\hat{\sigma}_2,\cdots,\hat{\sigma}_M)\\0\end{pmatrix}\in\mathbf{R}^{3p^2\times M}$，其中（$\hat{\sigma}_1,\hat{\sigma}_2,\cdots,\hat{\sigma}_M$）是下面凸优化问题的解：

$$\min_{\hat{\sigma}_1,\hat{\sigma}_2,\cdots,\hat{\sigma}_M}\sum_{i=1}^{M}(\sigma_i-\hat{\sigma}_i)^2+\frac{2w_i}{\rho_k}\hat{\sigma}_i,\hat{\sigma}_1\geqslant\hat{\sigma}_2\geqslant\cdots\geqslant\hat{\sigma}_M\geqslant 0 \tag{6-25}$$

根据本章参考文献[6]可知，式（6-25）有封闭解：

$$\hat{\sigma}_i=\begin{cases}0, & c_2<0\\ \dfrac{c_1+\sqrt{c_2}}{2},f & c_2\geqslant 0\end{cases} \tag{6-26}$$

其中，$c_1=\sigma_i-\varepsilon$，$c_2=(\sigma_i-\varepsilon)^2-8C/\rho_k$。本章参考文献[11]中定义 C 为 $\sqrt{2M}$。

（3）更新 $\boldsymbol{A}$ 并固定 $\boldsymbol{X}$ 和 $\boldsymbol{Z}$：

$$\boldsymbol{A}_{k+1}=\boldsymbol{A}_k+\rho_k(\boldsymbol{X}_{k+1}-\boldsymbol{Z}_{k+1}) \tag{6-27}$$

(4) 更新 ρ_k:$\rho_{k+1}=\mu\times\rho_k$,其中 $\mu>1$。

重复上述替代更新步骤,直到满足收敛条件或迭代次数超过预设阈值。ADMM 算法的收敛条件为:$\|\boldsymbol{X}_{k+1}-\boldsymbol{Z}_{k+1}\|_F\leqslant \text{Tol}$、$\|\boldsymbol{X}_{k+1}-\boldsymbol{X}_k\|_F\leqslant \text{Tol}$、$\|\boldsymbol{Z}_{k+1}-\boldsymbol{Z}_k\|_F\leqslant \text{Tol}$,其中 $\text{Tol}>0$ 为小公差数。由于加权核范数一般是非凸的,因此使用$\{\rho_k\}$的无界序列来确保算法收敛。基于 ADDM 的多通道 WNNM 见表 6-1 所列。

表 6-1 基于 ADDM 的多通道 WNNM

输入:矩阵 $\boldsymbol{Y}$、$\boldsymbol{W}$、$\mu>1$、$\text{Tol}>0$,K_1;
初始化:$\boldsymbol{X}_0=\boldsymbol{Z}_0=\boldsymbol{A}_0=0$,$\rho_0>0$,$T=\text{False}$,$k=0$;
While($T==\text{False}$)do
(1)更新 $\boldsymbol{X}_{k+1}$　$\boldsymbol{X}_{k+1}=(\boldsymbol{W}^{\mathrm{T}}\boldsymbol{W}+\frac{\rho_k}{2}I)^{-1}(\boldsymbol{W}^{\mathrm{T}}\boldsymbol{W}\boldsymbol{Y}+\frac{\rho_k}{2}\boldsymbol{Z}_k-\frac{1}{2}\boldsymbol{A}_k)$;
(2)更新 $\boldsymbol{Z}_{k+1}$　$\min_Z\frac{\rho_k}{2}\|\boldsymbol{Z}-(\boldsymbol{X}_{k+1}+\rho_k^{-1}\boldsymbol{A}_k)\|_F^2+\|\boldsymbol{Z}_k\|_{w,*}$;
(3)更新 $\boldsymbol{A}_{k+1}$　$\boldsymbol{A}_{k+1}=\boldsymbol{A}_k+\rho_k(\boldsymbol{X}_{k+1}-\boldsymbol{Z}_{k+1})$;
(4)更新 ρ_{k+1}　$\rho_{k+1}=\mu\times\rho_k$;
(5)$k\leftarrow k+1$;
若满足收敛条件或 $k\geqslant K_1$;
(6)$T\leftarrow\text{True}$
结束
输出:矩阵 $\boldsymbol{X}$ 和 $\boldsymbol{Z}$。

式(6-28)给出了表 6-1 算法的收敛性分析:假设 w 中的权重按非降序排列,表 6-1 算法中生成的$\{\boldsymbol{X}_k\}$、$\{\boldsymbol{Z}_k\}$、$\{\boldsymbol{A}_k\}$序列满足如下条件:

$$\begin{cases}\lim\limits_{k\to\infty}\|\boldsymbol{X}_{k+1}-\boldsymbol{Z}_{k+1}\|_F=0\\ \lim\limits_{k\to\infty}\|\boldsymbol{X}_{k+1}-\boldsymbol{X}_k\|_F=0\\ \lim\limits_{k\to\infty}\|\boldsymbol{Z}_{k+1}-\boldsymbol{Z}_k\|_F=0\end{cases}\tag{6-28}$$

6.2.5 图像去噪算法

给定一幅有噪声的彩色图像 y_c,假设我们提取了 N 个局部图像块$\{\boldsymbol{y}_j\}_{j=1}^N$及其相似的图像块。$N$ 个噪声块矩阵$\{\boldsymbol{Y}_j\}_{j=1}^N$可以用来估计无噪声矩阵$\{\boldsymbol{X}_j\}_{j=1}^N$。将矩阵$\{\boldsymbol{X}_j\}_{j=1}^N$中的图像块聚集起来形成去噪图像 $\hat{x}_c$。为了获得更好的去噪效果，重复上述去噪步骤。表 6－2 总结了多通道 WNNM 模型的彩色图像去噪算法。

表 6－2　多通道 WNNM 模型的彩色图像去噪算法

输入：噪声图像 y_c，噪声级$\{\sigma_r,\sigma_g,\sigma_b\}$，$K_2$；

初始化：$\hat{x}_c^{(0)}=y_c$，$y_c^{(0)}=y_c$；

For $k=1:K_2$ do

（1）设置 $y_c^{(k)}=\hat{x}_c^{(k-1)}$；

（2）从 $y_c^{(k)}$ 提取局部图像块$\{y_j\}_{j-1}^{N}$，对于每一个图像块 y_j；

（3）寻找相似图像块 $\boldsymbol{Y}_j$；

（4）对图像块 $\boldsymbol{Y}_j$ 应用多通道 WNNM 模型，获得估计值 $\boldsymbol{X}_j$；

（5）整合$\{\boldsymbol{X}_j\}_{j=1}^{N}$形成图像 $\hat{x}_c^{(k)}$；

End For

输出：去噪图像 $\hat{x}_c^{(K_2)}$。

6.2.6　清晰化实验结果

为了验证方法的有效性，对图 6－1 中典型的弹载侦察噪声图像展开了清晰化实验，噪声包括白噪声、抖动噪声、高过载噪声、编解码噪声、条纹噪声、混合噪声共 6 类，并与经典的去噪算法即块匹配与三维滤波（BM3D）的彩色图像去噪算法（CBM3D）和非局部集中稀疏算法（NCSR）进行对比测试分析。去噪结果如图 6－3～图 6－5 所示。

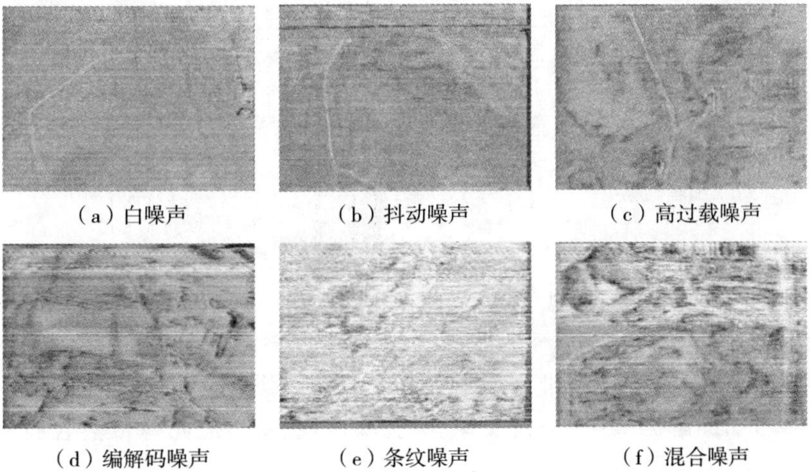

（a）白噪声　（b）抖动噪声　（c）高过载噪声

（d）编解码噪声　（e）条纹噪声　（f）混合噪声

图 6－3　CBM3D 去噪测试结果

（a）白噪声　　（b）抖动噪声　　（c）高过载噪声

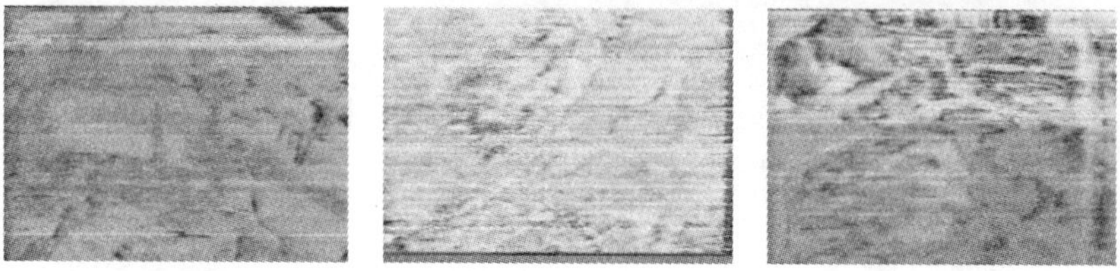

（d）编解码噪声　　（e）条纹噪声　　（f）混合噪声

图 6－4　NCSR 去噪测试结果

（a）白噪声　　（b）抖动噪声　　（c）高过载噪声

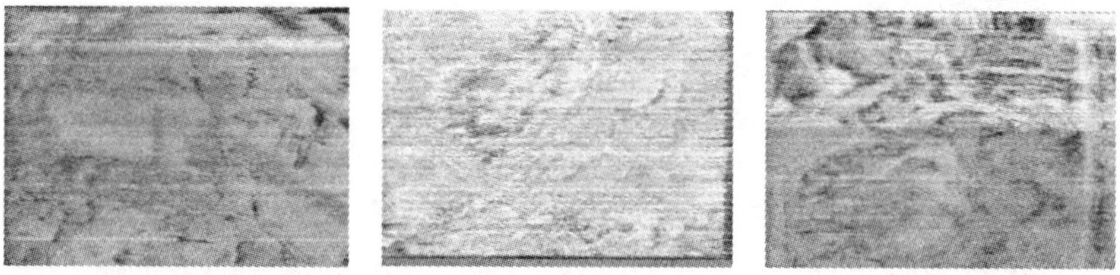

（d）编解码噪声　　（e）条纹噪声　　（f）混合噪声

图 6－5　多通道 WNNM 去噪测试结果

观察图 6－3～图 6－5 观察可得，三种算法都有一定的去噪效果，但每一种算法对于噪声对图像场景干扰不是很严重时去噪效果较为理想，如白噪声、抖动噪声、高过载噪声，而对于噪声带来场景失真严重的图像，图像失去了场景辨识度，去噪效果较差，如编解码噪声、条纹噪声、混合噪声，去噪后的图像依然含有程度不同的噪声。

对比观察图 6－1 以及图 6－3、图 6－4、图 6－5，从主观视觉感知上来看，CBM3D 去噪后图像对比度较高，图像整体较为尖锐，纹理细节较为突出；NCSR 去噪后图像对比度较低，图像较为平滑，纹理细节较为平缓；而多通道 WNNM 在去噪效果及场景真实感知还原度上要优于 CBM3D 和 NCSR，整体达到了最优视觉感知。

表 6－3 给出了各类算法去噪后的 *PSNR* 值，从表中可以看出多通道 WNNM 去噪后 *PSNR* 值达到了最高，表明了多通道 WNNM 去噪效果在一定程度上优于 CBM3D 和 NCSR。

限于篇幅，更多的图像去噪结果并未展出，但去噪的结果与上文分析相同。

表 6－3　算法对图像去噪后的 *PSNR* 值

	CBM3D	NCSR	多通道 WNNM
(a)白噪声	29.5031	30.3074	31.2706
(b)抖动噪声	27.5884	29.7998	30.8507
(c)高过载噪声	30.3368	29.9520	30.9424
(d)编解码噪声	28.3025	28.4929	29.7171
(e)条纹噪声	26.1552	26.1602	26.7806
(f)混合噪声	26.8129	27.7302	28.2015

6.3　噪声侦察图像清晰化质量评价

针对 6.2 节清晰化去噪后的弹载侦察图像，由于某些类型图像在清晰化后依然含有不同程度的噪声，对弹载图像后续处理和弹载成像系统性能优化提供重要量化依据和指标参考，本节提出了一种针对弹载侦察图像的无参考质量评价方法。方法通过提取与弹载图像失真的各类特征，利用参数拟合进而建立质量评价模型。

图像特征的准确提取是质量评价模型构建成功的关键，在“主观未知”盲评价方法的特征选取时重要的原则是：选取的特征应与图像的失真类型无关，而与图像的失真程度相关。考虑弹载侦察图像成像方式的极端特殊性，研究考虑选取三类特征。

6.3.1　弹载相机抖动噪声相关的特征因子

弹载相机抖动噪声可看作一种模糊效应。关于图像模糊失真的特征选取和评价已经有了不少方法，主要分为基于边缘测量、基于谱分析两大类型，主要用于散焦和压缩带来的模糊，而相机在抖动方向上带来的失真在图像上呈现明显的各向异性，也不同于目标相对背景运动带来的模糊，因此必须寻找适合因弹载相机抖动产生噪声失真的特征因子。

由于弹载成像设备相机运动呈现瞬时高速旋转、多自由度的抖动，图像的相应高频部分会受到不同程度的减弱。本章参考文献[8]针对由相机抖动带来的模糊评价问题专门进行了研究，提出了两类 6 个图像特征。一类是方向特征，用于表示相机按不同方向抖动带来的图像谱结构多方向变化，有平均方向清晰度、方向清晰度变化系数和最小方向清晰度 3 个特征；另一类是形状特征，相机抖动会非对称地改变图像频带形状，提出了用椭圆来表征图像频谱形状，有椭圆面积增长率、光谱偏心度方差和光谱方向 3 个特征。

当图像受到相机抖动失真影响时，方向性特征能够表达光谱在方向结构的变化。方向清晰度是通过测量图像光谱在所有（采样）方向上的方差和能量来获得的。在摄像机移动的方向上，这些值通常会有不同程度的减少。定义离散傅里叶变换（Discrete Fourier Transform，DFT）系数的方向能量 $DE(\varphi_n)$ 和方向方差 $DV(\varphi_n)$，如下所示：

$$\begin{cases} C_{\varphi_n}(u)=\{B[u,u\tan(\varphi_n)]\mid U\in(-N/2,N/2)\} \\ DE(\varphi_n)=\left[\sum\limits_{u=-N/2}^{N/2}\left|\dfrac{C_{\varphi_n}(u)}{B(0,0)}\right|^2\right]^{-1/2} \\ f_{\varphi_n}(u)=\operatorname{sgn}(u)\cdot\dfrac{\sqrt{u^2+u^2\cdot\tan^2(u)}}{N} \\ DV(\varphi_n)=\sum\limits_{u=-N/2}^{N/2}p_{\varphi_n}(u)\left[f_{\varphi_n}(u)-\mu_{\varphi_n}\right]^2 \end{cases} \tag{6-29}$$

其中，$p_{\varphi_n}(u)=\dfrac{|C_{\varphi_n}(u)|}{\sum\limits_{u'=-N/2}^{N/2}|C_{\varphi_n}(u')|^2}$；$\mu_{\varphi_n}=\sum\limits_{u=-N/2}^{N/2}p_{\varphi_n}(u)f_{\varphi_n}$；$B(u,v)$ 是图像的 DFT；N 是 DFT 块大小；$C_{\varphi_n}(u)$ 沿 φ_n 方向的图像 DFT 系数；$\varphi_n\in\{\varphi_1,\varphi_2,\cdots,\varphi_{N_{\mathrm{dr}}}\}$ 表示方向的第 n 个样本；$p_{\varphi_n}(u)$ 是沿每个方向的归一化功率谱的概率质量函数；μ_{φ_n} 是功率谱沿每个方向的第一个中心矩；$f_{\varphi_n}(u)$ 是归一化频率。因此图像沿 φ_n 方向的方向清晰度 $S(\varphi_n)$ 表示为 $DE(\varphi_n)$ 与 $DV(\varphi_n)$ 的乘积：

$$S(\varphi_n)=DE(\varphi_n)\times DV(\varphi_n) \tag{6-30}$$

则特征平均方向清晰度用 F_1 表示，计算如下：

$$F_1=\mu_{s_\varphi}=\frac{1}{N_{\mathrm{dr}}}\sum_{n=1}^{N_{\mathrm{dr}}}s(\varphi_n) \tag{6-31}$$

特征方向清晰度变化系数用 F_2 表示，计算如下：

$$F_2 = \frac{\sigma_{s_\varphi}}{\mu_{s_\varphi}} \tag{6-32}$$

特征最小方向清晰度用 F_3 表示，计算如下：

$$F_3 = \min[s(\varphi_n) \mid 1 \leqslant n \leqslant N_{\mathrm{dr}}] \tag{6-33}$$

形状特征可以以不同的方式表征摄像机抖动失真。与单独使用方向特征相比，光谱形状特征具有优势，利用椭圆在 DFT 域中对图像的光谱轮廓进行建模。设 N_{el} 为光谱轮廓数目，n 为光谱轮廓序号。设 Γ_n 表示包含在轮廓 $n+1$ 内但在轮廓 n 之外的 DFT 谱能量百分比，Θ_n 是位于 $(n+1)^{st}$ 谱轮廓内但在第 n 谱轮廓之外的 DFT 系数集。此外，令 $\hat{B}$ 表示以降序排序的 DFT 系数，使得 $\hat{B}(k)$ 是第 k 个最大的 DFT 系数，则有如下：

$$\Theta_n - \left\{(u_k, v_k) \mid \Gamma_n \leqslant \frac{\sum_{k'<k}\hat{B}^2(k')}{\sum_v \sum_u B^2(u,v)} < \Gamma_{n+1}, 1 \leqslant k \leqslant N_W N_H\right\} \tag{6-34}$$

其中，N_W 和 N_H 是图像的宽度和高度。使用固定的、均匀间隔的能量百分比 $\Gamma_n = 0.60, 0.65, \cdots, 0.95, 1 \leqslant n \leqslant N_{\mathrm{el}}+1$ 来定义轮廓，通过对 DFT 系数的最小二乘拟合得到椭圆的模型参数（长轴和短轴以及偏心率）。我们使用的椭圆模型满足：

$$\frac{(u\cos\psi + v\sin\psi)^2}{c^2} + \frac{(u\sin\psi - v\cos\psi)^2}{d^2} = 1 \tag{6-35}$$

其中，c 和 d 是椭圆的半长轴和半短轴，ψ 是椭圆的方向。

则用椭圆面积的增加速率表示频谱形状特征，用 F_4 表示：

$$F_4 = \left(\prod_{n=1}^{N_{\mathrm{el}}-1} \frac{|A_n - A_{n+1}|}{A_n}\right)^{\frac{1}{N_{\mathrm{el}}-1}} \tag{6-36}$$

定义第 n 个椭圆的偏心率：

$$e_n = \sqrt{\frac{c_n^2 - d_n^2}{c_n^2}} = \sqrt{1 - \left(\frac{d_n}{c_n}\right)^2} \tag{6-37}$$

用光谱偏心率的样本方差表示光谱形状特征，用 F_5 表示：

$$F_5 = \frac{1}{N_{\mathrm{el}}} \sum_{n=1}^{N_{\mathrm{el}}} (e_n - \mu_e)^2 \tag{6-38}$$

用光谱椭圆的方向表示光谱形状特征，用 F_6 表示：

$$F_6 = \frac{1}{N_{\mathrm{el}}} \sum_{n=1}^{N_{el}} [\cos(\psi_n) - \mu_{\psi}]^2 \tag{6-39}$$

因此，将所提取的方向特征和形状特征分别定义为 f_1 和 f_2。

6.3.2 图像内容结构相关的特征因子

弹载侦察图像经常呈现多失真混叠的现象，因此考虑多失真带来的图像结构变化特征提取，而不纠缠于某一失真类型的特征寻找。研究表明由于自然场景统计(Natural Scene Statistics，NSS)能够显著地揭示失真图像质量的衰退程度，被经典算法 BIQI、BLIINDS、DIIVINE、BRISQUE、NIQE 所采用，本章也采用此方法来表征多失真带来的图像结构上的变化，对图 6-1 中的 6 幅噪声图像分别计算平均差分和对比归一化(Mean Subtracted Contrast Normalized，*MSCN*)因子，如图 6-6 所示，该因子也称为局部归一化亮度因子。由直方图可以看出由于失真的引入，图像的方差变小，直方图分布较为分散，表现出了一定的非高斯性。

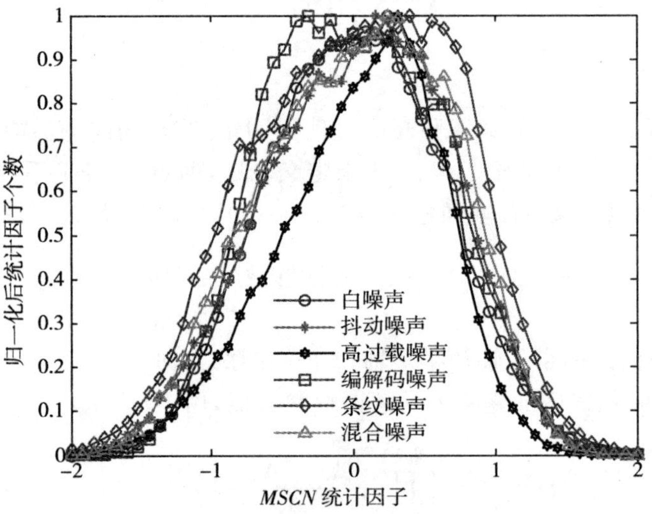

图 6-6　弹载侦察图像 *MSCN* 因子统计直方图

自然灰度图像的局部归一化亮度因子服从高斯分布，可将这个归一化过程通过如下公式进行计算：

$$I_{MSCN}(i,j) = \frac{I_{\mathrm{g}}(i,j) - \mu(i,j)}{\sigma(i,j) + 1} \tag{6-40}$$

其中：i、j 为空间像素点，$i \in 1,2,\cdots,M$，$j \in 1,2,\cdots,N$；I_g 为自然图像的灰度图；

$I_{MSCN}(i,j)$ 为对图像像素点计算的局部归一化亮度因子。

$$\mu(i,j)=\sum_{k=-K}^{K}\sum_{l=-L}^{L}w_{k,l}I_{g}(i+k,j+l) \tag{6-41}$$

$$\sigma(i,j)=\sqrt{\sum_{k=-K}^{K}\sum_{l=-L}^{L}w_{k,l}\left[I_{g}(i+k,j+l)-\mu(i,j)\right]^{2}} \tag{6-42}$$

其中，$\mu(i,j)$ 和 $\sigma(i,j)$ 分别为图像的局部均值和方差；$w=\{w_{k,l} \mid k=-K,\cdots,K, l=-L,\cdots,L\}$ 为二维循环对称高斯权重函数，定义 $K=L=3$。先前研究表明 *MSCN* 统计因子的直方图偏离程度可用于预测图像的失真程度，将 *MSCN* 因子选取为第 3 个特征 f_3。

此外由于图像中的 *MSCN* 因子高度相似，水平方向上相邻的两个因子间存在着规律性的结构，如图 6-7 所示。因此采用经验分布函数分别在 *MSCN* 因子两侧的水平方向上进行计算：

$$I_{\mathrm{Hpair\_MSCN}}(i,j)=I_{MSCN}(i,j)\cdot I_{MSCN}(i,j+1) \tag{6-43}$$

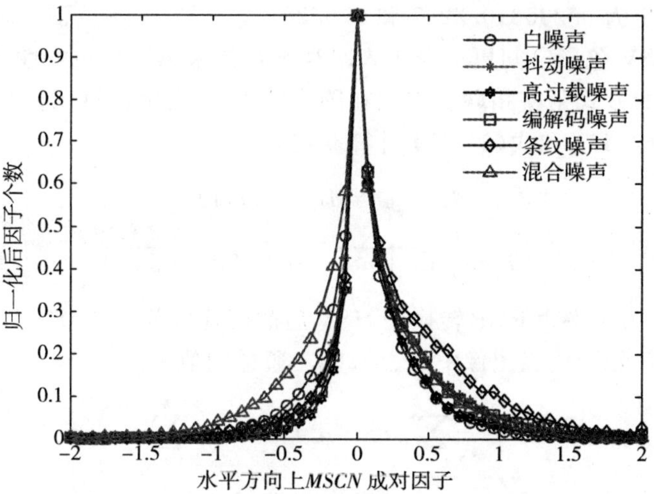

图 6-7　*MSCN* 的成对因子直方图(水平方向)

根据式(6-43)可计算出两个特征 f_4、f_5。

此外，式(6-42)的局部方差 $\sigma(i,j)$ 是一个量化图像局部结构信息的重要参数，用来描述图像的锐度，因此可将其作为另一个特征 f_6。

6.3.3　图像颜色相关的特征因子

弹丸在下落过程中，由于弹体高过载、弹丸瞬时高速旋转、图像编解码不完全、信号干扰等因素会造成颜色漂移、颜色损失、颜色模糊等色彩失真。前两类特征因子无法有效表达,需对弹载侦察图像颜色信息的失真专门提取相关因子。

研究表明对比度熵(Contrast Entropy,CE)可预测自然图像的局部对比度,选用对比熵这个特征是因为它能很好地描述基于空中成像平台拍摄照片的特征。无人机图像在空域中通过高斯二阶导数差分滤波器分解,分解后的滤波器响应被整合。选取在每个独立的颜色分量[灰度(gray)、黄蓝(yb)和红绿(rg)]上的对比度熵作为特征因子 f_7、f_8、f_9:

$$CE(I_c)=\frac{\alpha\cdot Z(I_c)}{Z(I_c)+\alpha\cdot\kappa}-\tau_c \tag{6-44}$$

$$Z(I_c)=\sqrt{(I_c\otimes h_h)^2+(I_c\otimes h_v)^2} \tag{6-45}$$

其中,$c\in\{gray,yb,rg\}$ 代表颜色通道,计算公式为 $gray=0.299R+0.587G+0.114B$,$yb=0.5(R+G)-B$,$rg=R-G$;$\alpha$ 表示 $Z(I_c)$ 的最大值;κ 表示对比度增益;τ_c 为当前图像颜色通道的噪声阈值;符号 $\otimes$ 表示卷积;h_h 和 h_v 分别是高斯函数的水平和垂直二阶导数。采用本章参考文献[13]定义,$gray$、yb、rg 三个通道的噪声阈值分别设定为 0.2353,0.2287 和 0.0528。

考虑到 HSV 色彩空间更适合于人眼视觉系统来感知彩色特性的处理,其分量与人感知彩色的方式紧密相联。因此在图像的 H 通道中计算图像的色调 I_h,色度 CF 可通过式(6-46)和式(6-47)计算获得:

$$I_h(i,j)=I_{\mathrm{HSV}}(i,j,1) \tag{6-46}$$

$$CF=\sqrt{\sigma_{rg}^2+\sigma_{yb}^2}+0.3\sqrt{\mu_{rg}^2+\mu_{yb}^2} \tag{6-47}$$

其中,I_{HSV} 表示为图像由 RGB 转换到 HSV 后的图像空间,$rg=R-G$,$yb=0.5(R+G)-B$,R、G、B 分别代表图像中红、绿、蓝三通道的值。

$$\sigma_a^2=\frac{1}{X}\sum_{x=1}^{X}(a_x^2-\mu_a^2),\ \mu_a^2=\frac{1}{X}\sum_{x=1}^{X}a_x \tag{6-48}$$

其中,像素点的范围为 $x=1,\cdots,X$;a_x 表示图像转为 Lab 空间后的 a(红绿)通道;σ_a 为像素在红绿通道上的标准差;μ_a 为像素在红绿通道上的均值。通过以上三个公式获得两个特征 f_{10}、f_{11}。

表 6-4 给出了所提取的三类 11 个特征因子。

表 6-4 提取的 3 类特征因子

特征	特征描述
f_1,f_2	方向特征、形状特征

（续表）

特征	特征描述
f_3	*MSCN* 因子
f_4, f_5	水平方向上 *MSCN* 因子的成对参数
f_6	锐度
f_7, f_8, f_9	对比熵（灰度级、黄蓝通道、红绿通道）
f_{10}	HSV 图像色调
f_{11}	色度

6.3.4　质量评价模型构建

在前文提取图像三类特征的基础上，本节构建适合弹载侦察图像的质量评价模型。首先利用标准测绘图的图像数据集上提取相应的三类特征进行“学习”，得到基准 MVG 模型；针对待评价弹载侦察图像，进行子块划分，对每一块进行特征提取和 MVG 模型拟合，然后计算与基准 MVG 距离获得每一子块的质量得分，最后将各子块质量得分的均值作为待评价图像的质量得分。

不同于陆基平台采集的图像，在构建基准 MVG 模型时可以选择常见的清晰图像作为原始参考，弹载成像平台由空中抛撒，空对地成像，且场景细节变化和图像中地貌特征也不相同，用常见的清晰图像进行处理难以得到满意结果，因此我们选择了高度相似的高分辨率测绘图像作为原始基准图像，从多幅清晰图像中 Overlap 选取了 $P\times P$ 大小的 800 幅图像集，与 IL－NIQE 选取基准计算图像过程类似，随机挑选 4 名志愿者分别选出包含植被、土壤、人工目标、水体 4 类各 100 幅清晰图像共 400 幅基准图像；然后再请 15 位志愿者从 400 幅图像中挑选出 90 幅图像作为最后的原始基准图像，缩略形式如图 6－8 所示。

针对原始基准图像，进一步进行 $p\times p$ 分块，不同于 IL－NIQE，本章对每一子块不再进行筛选，全部参与计算。对每一子块进行上述特征提取，形成 d 维特征向量，为提升预测效率和降低计算成本，采用 PCA 方法对 d 维特征向量进行降维处理。从 n 个子块选取的特征可用特征矩阵 $\boldsymbol{X}=[x_1,x_2,\cdots,x_n]\in\mathbf{R}^{d\times n}$ 表示，对 $\boldsymbol{X}$ 进行 PCA 降维处理得到映射矩阵 $\boldsymbol{\Phi}\in\mathbf{R}^{d\times m}$，其中 m 个主成分向量对应 $\boldsymbol{X}$ 的协方差矩阵的 m 个特征值（$m<d$）。

借助于映射矩阵 $\boldsymbol{\Phi}$，每个特征向量可变换为：

$$x'_i=\boldsymbol{\Phi}^{\mathrm{T}}x_i, x'_i\in\mathbf{R}^{m\times 1}, i=1,\cdots,n \tag{6-49}$$

假定 $x'_i, i=1,\cdots,n$ 独立采样服从于一个 m 维 MVG 分布，即可利用标准的最大似然估计方法计算得到 MVG 分布的拟合特性：

$$f(x)=\frac{1}{(2\pi)^{m/2}\ |\Sigma|^{1/2}}\exp\left[-\frac{1}{2}(\boldsymbol{x}-\boldsymbol{\mu})^{\mathrm{T}}\Sigma^{-1}(\boldsymbol{x}-\boldsymbol{\mu})\right] \tag{6-50}$$

其中，$\boldsymbol{x}\in\mathbf{R}^{m\times1}$ 为所提取的特征向量；$\boldsymbol{\mu}$、Σ 分别为 x 均值向量和方差，这样构建的 MVG 模型即可用($\boldsymbol{\mu}$，Σ)表达。

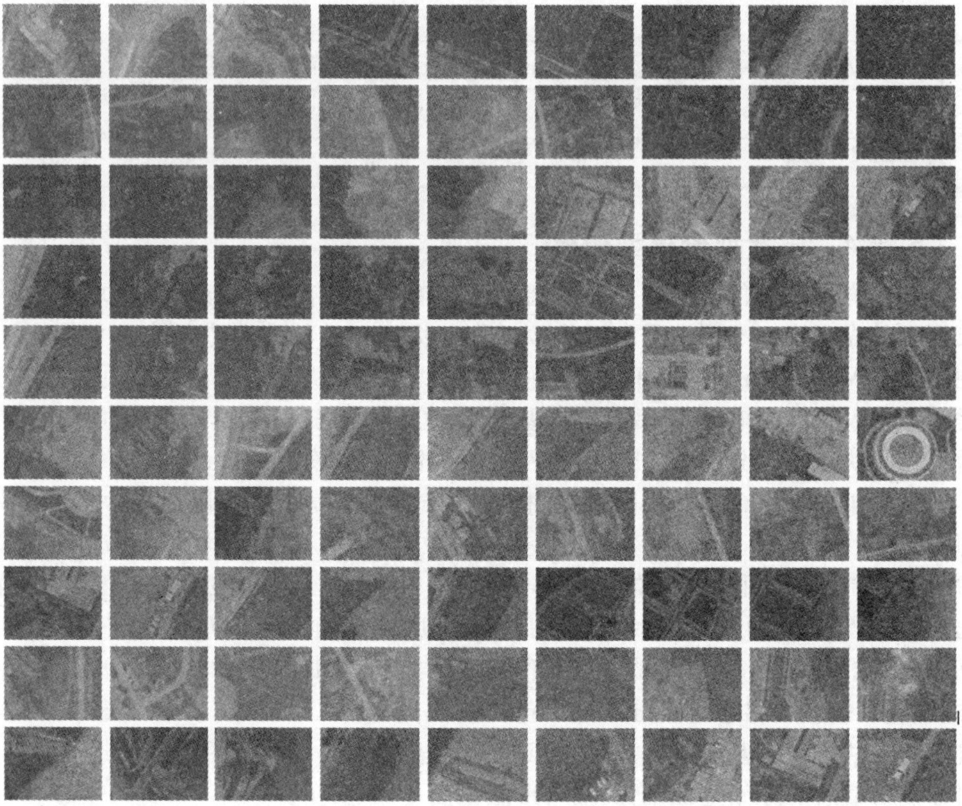

图 6-8　用于构建基准 MVG 的 90 幅原始图像

在基准 MVG 模型构建的基础上，接下来可以对实际弹载侦察图像进行模型构建和指标设计。对待评价弹载侦察图像进行了 $p\times p$ 分块得到 k 个子块，对每个子块 i 进行特征提取得到 d 维向量 $\boldsymbol{y}_i$，同样利用映射矩阵 $\boldsymbol{\Phi}$ 对 $\boldsymbol{y}_i$ 进行降维处理：

$$\boldsymbol{y}'_i=\boldsymbol{\Phi}^{\mathrm{T}}\boldsymbol{y}_i,\boldsymbol{y}'_i\in\mathbf{R}^{m\times1},i=1,\cdots,k \tag{6-51}$$

这样一幅待评价弹载侦察图像可用一个特征向量集合 $\{\boldsymbol{y}'_i\}_{i=1}^{k}$ 加以表征，对每一子块 i 进行 MVG 拟合得到($\boldsymbol{\mu}_i$，Σ_i)，计算与基准 MVG 模型($\boldsymbol{\mu}$，Σ)之间的马氏距离即可得到对应块得分：

$$q_i = \sqrt{(\boldsymbol{\mu} - \boldsymbol{y}'_i)^T \left(\frac{\Sigma + \Sigma_i}{2}\right)^{-1} (\boldsymbol{\mu} - \boldsymbol{y}'_i)} \tag{6-52}$$

有的文献在进行质量得分计算时考虑不同图像块赋予不同权重，但会增加运算成本，由于弹载图像包含多类型失真且分布区域随机，难以有效区分质量得分贡献，为提升运算效率，采用均值方法计算得到整幅图像的质量等分：

$$q = \frac{\sum_{i=1}^{k} q_i}{k} \tag{6-53}$$

6.3.5　质量评价实验结果

设定从标准测绘图中选取图像大小 $P \times P$ 为 1024×768；选取的子块大小 $p \times p$ 为 8×8；PCA 变换维度 m 为 430。

测试图像数据库由两段实拍的侦察弹视频截取图像构成。侦察弹携带相机选用 1/4 英寸 TV/红外 CCD 图像传感器，视场角为 45°，采用 MPEG－2 进行图像压缩，侦察弹作用高度介于 300 m 至 1100 m 之间。实拍图像涵盖了 6.1.2 节的多种失真类型，共 856 幅图像组成，大小为 320×240 的彩色图像。为评估算法有效性，还给出了所有测试图像的平均主观评分差值（*DMOS*）。主观评价人员均来自本校不同专业，共 15 人，年龄为 20～35 岁。其中 *DMOS* 越高表示图像质量越差，*DMOS* 越低表示图像质量越好，且 *DMOS* 范围为[0,100]。

对测试图像库分别采用本书所提到的算法和 7 种经典的无参考算法（BIQI、BLIINDS－II、DIIVINE、QAC、BRISQUE、NIQE、IL－NIQE）进行质量评估，然后与 *DMOS* 比较评价算法性能。选用两个参数指标比较算法的性能：皮尔森线性相关系数（*PLCC*）、斯皮尔曼相关系数（*SROCC*），其中 *PLCC* 用于评测质量模型预测的准确性，*SROCC* 用于评测质量模型预测的单调性。对构建的弹载图像数据库，利用 8 种算法实验对比的 *SROCC*、*PLCC* 结果见表 6－5 所列。

表 6－5　在测试数据库上算法性能对比结果

算法	*SROCC*	*PLCC*
BIQI	0.4213	0.7025
BLIINDS－Ⅱ	0.6673	0.7075
DIIVINE	0.3164	0.3531
QAC	0.7695	0.8122
BRISQUE	0.6643	0.8166

（续表）

算法	*SROCC*	*PLCC*
NIQE	0.2235	0.4264
IL-NIQE	0.4231	0.6435
本节算法	0.8643	0.9397

从表 6-5 可以看出本节算法相比于其他 7 种方法，*SROCC* 和 *PLCC* 均取得了最大值，具备较好的单调性和准确性。为进一步直观观察模型预测与主观分数的一致性，绘制了上述算法的预测质量值与 *DMOS* 对比的散点图，如图 6-9 所示。

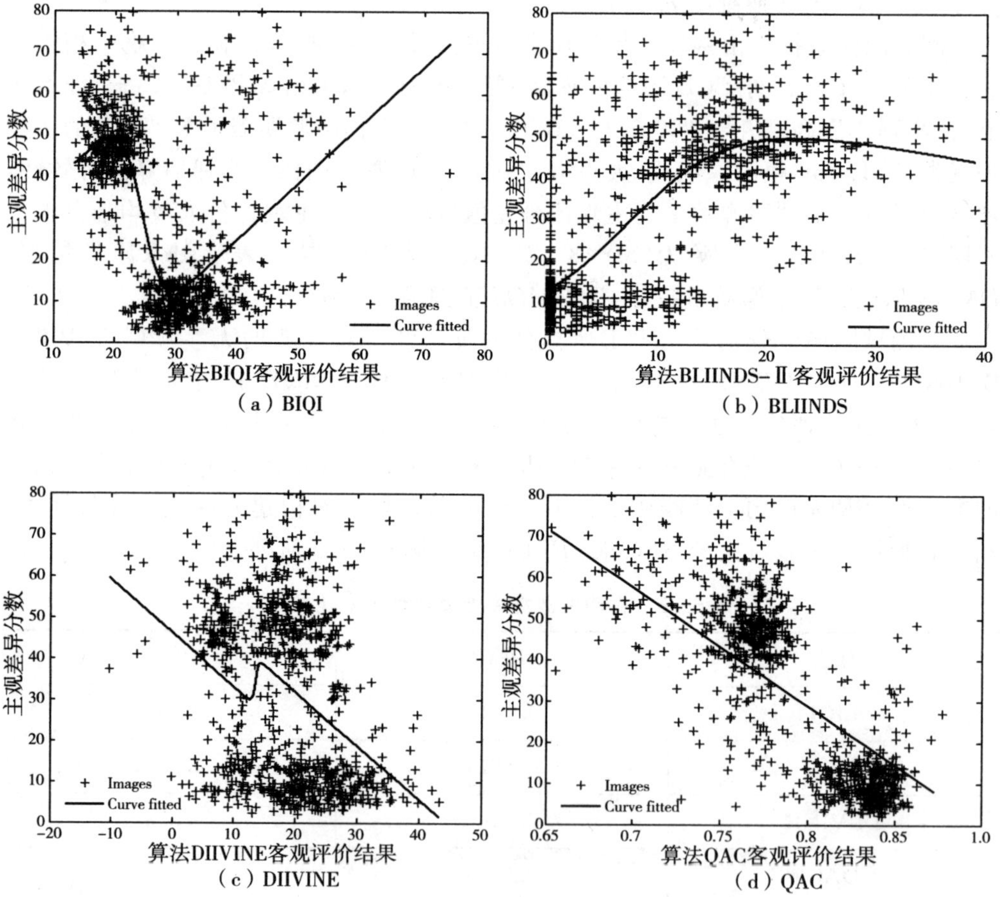

(a) BIQI　(b) BLIINDS

(c) DIIVINE　(d) QAC

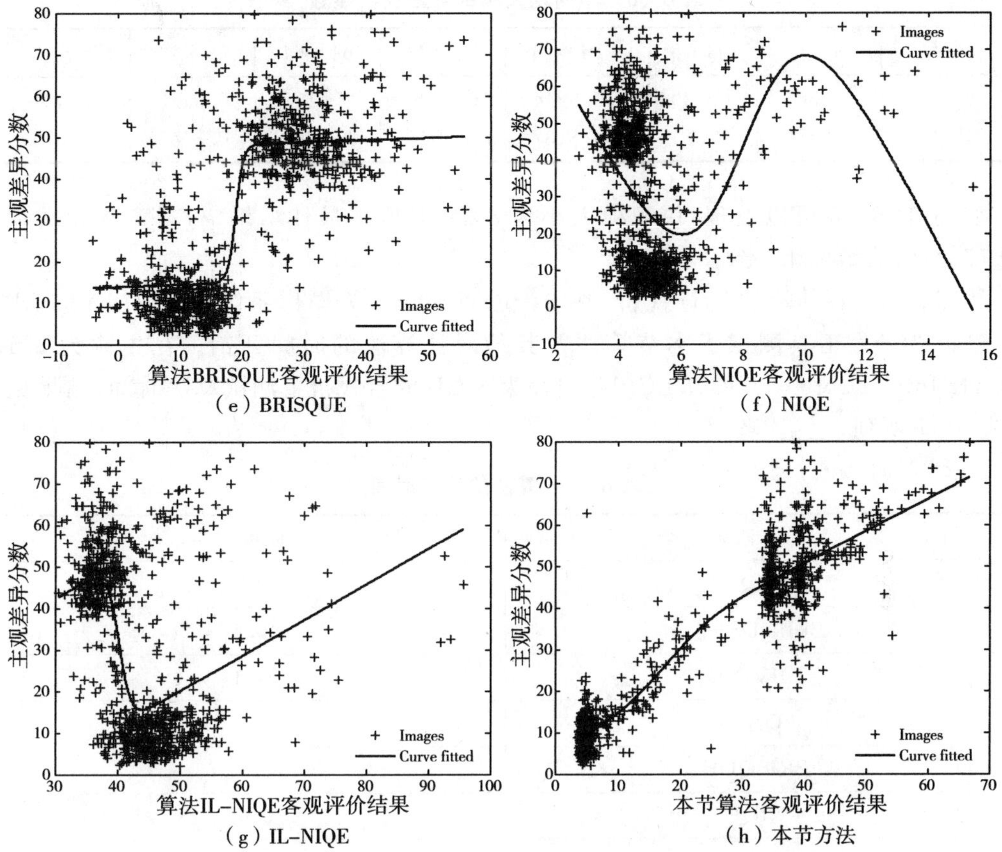

图 6 - 9　对比算法测试结果散点图

图 6 - 9 中每个点代表一幅测试图像，横、纵坐标值分别为模型预测质量值和 *DMOS*。根据散点图的收敛程度可直观地看出：①算法 NIQE、IL - NIQE 预测质量值总体上与 *DMOS* 相关性最差，这是因为这两种算法仅仅对有限的自然图像提取了基准特征集，且这些自然图像的失真类型是单一而有限的，对于弹载图像这类含有复杂失真的图像，以上两种算法并未考虑；②算法 BIQI、BLIINDS - Ⅱ、DIIVINE、QAC、BRISQUE 预测质量值与 *DMOS* 相关性较前两种算法有所提高，这是因为 5 种算法都是基于训练的方法通过回归模型预测质量得分，并不依赖于具体的失真类型，在一定程度上能够表征弹载图像的特性；③本节提出的算法预测值与 *DMOS* 相关性显著地高于其他算法。

考虑到待评价图像子块的大小选择会对评价的结果造成影响，针对本节算法，块大小分别选取了 4×4、8×8、16×16、32×32、64×64、96×96、128×128，计算其 *SROCC*、*PLCC*，结果见表 6 - 6 所列。

表 6-6　不同块大小的算法性能参数

参数	4×4	8×8	16×16	32×32	64×64	96×96	128×128
PLCC	0.9341	0.9394	0.9244	0.9236	0.9177	0.9133	0.9121
SROCC	0.8452	0.8546	0.8137	0.8045	0.7940	0.8043	0.7875

由表 6-6 可以发现，块规模大小为 8×8 时取得最佳结果，与本章参考文献[17]给出的结果相一致。

此外，为评估算法运行代价，在 64 位 Windows 7 操作系统下，以 MATLAB 2014a 为开发工具测试了本节算法及其他对比算法的时间开销。在主频为 3.1 GHz Intel-Core-i5-3350 CPU，内存为 8 GB 的台式机上测试算法时间，结果见表 6-7 所列。

表 6-7　算法的运行时间

算法	时间/s
BIQI	0.7
BLIINDS-Ⅱ	40.5
DIIVINE	14.1
QAC	0.2
BRISQUE	0.7
NIQE	0.6
IL-NIQE	5.1
本节算法	1.0

从表 6-7 可以发现本节算法一次评价为 1.0 s，略高于 BIQI、QAC、BRISQUE 和 NIQE，但大大低于 BLIINDS-II 和 DIIVINE，也优于 IL-NIQE，表现出较高的运行效率。

6.4　本章小结

针对弹载侦察图像存在噪声的情况，本章在分析含噪侦察图像特点及图像噪声的基础上，结合经典的加权核范数最小化思想，通过低阶正则化利用图像的 NSS 特性提出了基于加权核范数最小化的弹载侦察图像清晰化方法，解决了弹载侦察图像存在噪声的问题，清晰化后的图像在一定程度上能够去除图像噪声，达到清晰化的目的。此外根据清晰化的结果提出了弹载侦察图像清晰化质量评价，提取弹载相机抖动失真、图像内容结构失真和图像颜色失真三方面构建质量评价模型。实验结果表明，算法能较好解决弹载侦察图像去噪清晰化后的质量评价问题，实验结果符合人眼视觉感知。

本章参考文献

[1] 黄金．基于偏微分方程和波域方法的图像去噪研究[D]．南京：南京信息工程大学，2019.

[2] 庞璐璐，李从利．航拍图像噪声分析及滤除方法研究[J]．现代电子技术，2011，34(10)：27－29.

[3] Dabov K，Foi A，Katkovnik V，et al. Color image denoising via sparse 3D collaborative filtering with grouping constraint in luminance－chrominance space [C]. IEEE International Conference on Image Processing. IEEE，2007：313－316.

[4] Gu S，Zhang L，Zuo W，et al. Weighted nuclear norm minimization with application to image denoising[J]. IEEE Conference on Computer Vision and Pattern Recognition，2014：2862－2869.

[5] Zhang K，Zuo W，Chen Y，et al. Beyond a Gaussian Denoiser：Residual Learning of Deep CNN for Image Denoising[J]. IEEE Transactions on Image Processing，2016，26(7)：3142－3155.

[6] Gu S，Xie Q，Meng D，et al. Weighted Nuclear Norm Minimization and Its Applications to Low Level Vision[J]. International Journal of Computer Vision，2017，121(2)：183－208.

[7] 李从利，薛松，陆文骏，等．弹载侦察图像质量评价方法研究[J]．兵工学报，2017，38(1)：64－72.

[8] Oh T，Park J，Seshadrinathan K，et al. No－reference sharpness assessment of camera－shaken images by analysis of spectral structure[J]. IEEE Transactions on Image Processing，2014，23(12)：5428－5439.

[9] Pilu M，Fitzgibbon A W，Fisher R B. Direct Least Squares Fitting of Ellipses [C]. International Conference on Pattern Recognition. IEEE，1996：599－602.

[10] Kalman D. The Most Marvelous Theorem in Mathematics[J]. Math Horizons，2008，15(4)：16－17.

[11] Geisler W S. Visual perception and the statistical properties of natural scenes[J]. Annual Review of Psychology，2008，59(1)：167－192.

[12] Ruderman D L. The statistics of natural images [J]. Network Computation in Neural Systems, 1994, 5(4): 517 - 548.

[13] Groen I I A, Ghebreab S, Prins H, et al. From image statistics to scene gist: evoked neural activity revealstransition from low - level natural image structure to scene category[J]. Journal of Neuroscience: the Official Journal of the Society for Neuroscience, 2013, 33(48): 18814 - 18824.

[14] 杨红颖,吴俊峰,于永健,等. 一种基于 HSV 空间的彩色边缘图像检索方法[J]. 中国图象图形学报,2008,13(10):2035 - 2038.

[15] Zhang L, Zhang L, Mon X. FSIM: a feature similarity index for image quality assessment[J]. IEEE Transactions on Image Processing, 2011, 20(8): 2378 -2386.

[16] Xue W, Zhang L, Mou X. Learning without Human Scores for Blind Image Quality Assessment[C]. Computer Vision & Pattern Recognition, 2013, 9(4): 995 - 1002.

[17] Liu L X, Liu B, Huang H, et al. No - reference image quality assessment based on spatial and spectral entropies [J]. Signal Processing: Image Communication, 2014, 29(6): 856 - 863.

第 7 章　雨天侦察图像清晰化及质量评价

雨天给成像带来了特殊的降质现象，与雾天图像类似，但存现独特的一面，因此人们将图像去雨研究单独列为一个方向，近年来取得了长足的进步。本章结合雨天侦察图像实际，借助于暗通道先验知识，结合基于专家场模型的远景雨场检测对图像去雨加以分析，同时采用三类经典 IQA 指标进行效果评价，以验证方法的有效性。

7.1　雨天侦察图像及光学模型

7.1.1　雨天侦察图像特点

要分析雨天图像特征，必须首先研究雨滴的相关特征。

1. 雨滴的形态特征

由于雨滴在降落过程中受到空气阻力及相互碰撞的作用，雨滴形状会偏离稳定的椭球形而产生摆动。然而，这种形态上的变化对视频中雨滴的视觉效果并没有太大的影响，因此可以假设雨滴在下落过程中存在一种平衡状态模型。Beard 和 Chuang 给出了雨滴形态函数模型，其中雨滴的形态与雨滴的半径密切相关，定义如下：

$$r(\theta)=a\left[1+\sum_{n=1}^{10}c_n\cos(n\theta)\right] \tag{7-1}$$

其中，α 表示雨滴未变形时的球半径；$c_1,c_2,\cdots,c_{10}$ 表示雨滴半径系数；θ 为方向角，当 $\theta=0$ 时，代表雨滴垂直下落。如图 7-1 所示，随着雨滴直径的增加，雨滴的形态会产生扭曲，越来越趋向于扁平状。一般来说，由于空气阻力及雨滴表面张力等原因，雨滴直径为 0.1～3.0 mm。

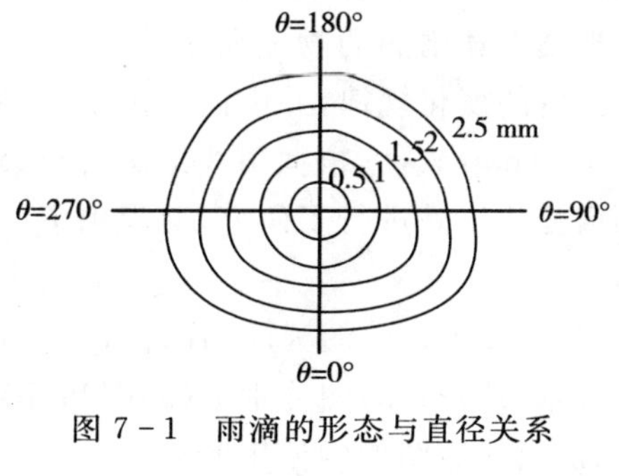

图 7-1　雨滴的形态与直径关系

2. 雨滴的运动速度与方向

雨滴在自由下落过程中，由于受空气阻力的作用会达到一个恒定的速

度，称为自由沉降速度。雨滴的自由沉降速度 v_T 取决于雨滴的直径 D，即

$$v_T = -0.2 + 5D - 0.9D^2 + 0.1D^3 \tag{7-2}$$

单个雨滴的运动轨迹通常没有规律，但整个雨场中的雨滴可以近似认为服从高斯分布，并且雨滴的运动方向与风和重力有关。假设单个雨滴质量为 m，半径为 R，所受的重力为 g，下落速度为 v，风速为 u，雨滴受到浮力 $F_b = \rho_a Vg$ 和阻力 $F_d = 6\pi\mu R\nu$ 的影响，其中 ρ_a 代表空气密度，V 为雨滴的体积，μ 为运动黏性，则雨滴的运动方向为：

$$\theta = \tan^{-1}\left[\frac{m}{6\pi\mu R}\left(g - \frac{\rho_a Vg}{m}\right)\frac{1}{u}\right] \tag{7-3}$$

由式(7-3)可知，雨滴的运动方向与其在下落过程中所受的合力有关。由于雨滴在下落过程中会达到一个恒定的自由沉降速度，此时雨滴所受的合力为零。根据气象学统计数据，平均风速 $u \approx 1$ m/s，雨滴自由沉降速率 $v_T = 2 \sim 10$ m/s，由此可得雨滴方向在 $-15°$ 到 $15°$ 之间。

3. 雨滴空间分布

自然条件下生成的雨滴在下落过程中随机地分布在三维空间，且分布的概率是一致的，服从均匀分布。因此，泊松分布模型可以很好地模拟雨滴的分布情况，其概率为：

$$P(k) = \frac{e^{-\sigma}(\sigma)^k}{k!} \tag{7-4}$$

其中，$P(k)$ 表示单位体积内存在数目为 k 的雨滴分布概率，σ 为雨滴平均数量。通过观察可知，在一定的时间及空间内雨滴的分布基本保持不变，由此可有效降低后续雨滴特性模型的复杂度。

根据上述雨滴的物理和光学特性可知，受雨影响的像素或像素块在时空域内具有独特的变化规律，并由此得出了一些结论。为了探究雨场的整体特性，本书利用 Photoshop 软件，根据雨线形态特点，对无雨图像人工添加雨线，同时采用傅里叶频谱分析工具进行了研究，并得出了一些结论。雨天图像傅里叶频谱如图 7-2 所示。

图 7-2 中，(a)图为原始图像，(b)图为(a)图通过 Photoshop 处理添加雨线后的图像，(c)图和(d)图分别为(a)图和(b)图的傅里叶频谱图。从图 7-2 中可以看出，添加雨线后图像的傅里叶频谱图与原图的傅里叶频谱图相比，低频部分基本保持一致，而在高频部分有明显的增加。

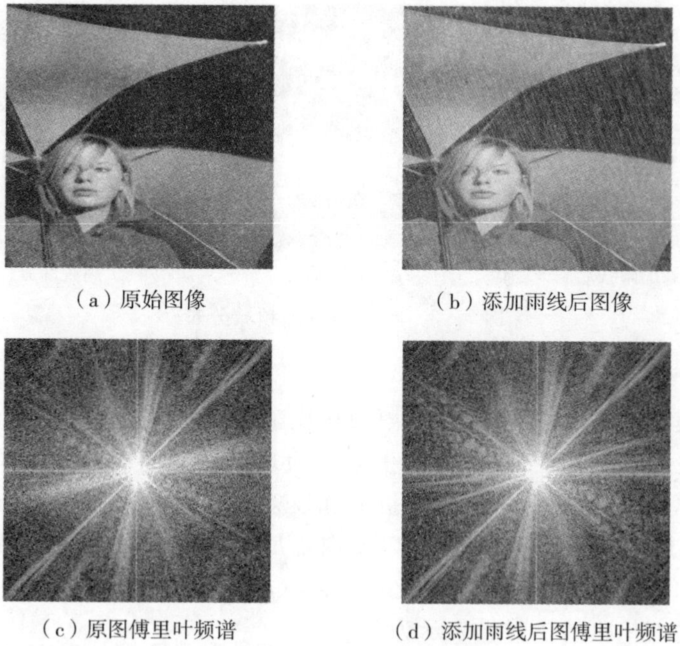

（a）原始图像　（b）添加雨线后图像

（c）原图傅里叶频谱　（d）添加雨线后图傅里叶频谱

图 7-2　雨天图像傅里叶频谱图

为了探究雨滴图像的频域分布特性，我们采用数百组雨天图像作为测试样本，通过高通滤波器和低通滤波器对雨天图像进行处理，实验结果如图 7-3 所示，(a)图和(d)图分别为雨天图像和人工添加雨线后图像，图像中含有明显的雨线；(b)图和(e)图为经过低通滤波后的图像，其中基本不含雨线；(c)图和(f)图为经过高通滤波后的图像，从图中可以看出含有大量雨线和纹理。

通过以上分析可知，与图像中纹理细节部分特征相似，雨滴在视觉上呈现为明亮的线条状，且像素强度变化较为剧烈，因此雨滴主要分布在雨天图像的高频部分。

（a）雨天图像　（b）低频部分　（c）高频部分

（d）添加雨线后雨天图像　　（e）低频部分　　（f）高频部分

图 7－3　雨天图像的频域分布

7.1.2　雨滴的光学模型

根据视频中雨滴成像特性可知，雨滴相比于其他物体具有独特的亮度特性，由于人眼具有视觉暂留特性，因此视觉上雨滴表现为明亮的白色条纹状。可认为雨滴是透明球体，且具有类似于透镜的折射和反射效果，如图 7－4(a)所示。假设 s、r、p 分别为场景光经雨滴反射、折射以及内部反射后的光线，n 表示光线 s、r、p 经过雨滴反射和折射后进入相机光线之和，即 $L(n)=L(s)+L(r)+L(p)$。因此，经雨滴作用后进入相机的辐射量表示为

$$F(n)=SL(s)+RL(r)+PL(p) \tag{7-5}$$

其中，S、R、P 分别为反射、折射以及内部反射的辐射传输函数。Nayar 等人通过辐射量函数得出，经过雨滴折射后的场景光在传输过程中仅被减弱 6％。

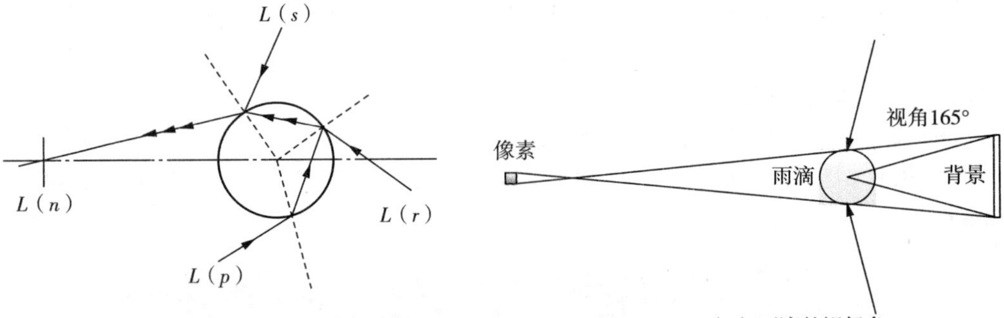

（a）雨滴的折射、反射和内部反射　　（b）雨滴的视场角

图 7－4　雨滴的光学模型

同时，由雨滴形状和 Snell 定理可知，光线 r 经过雨滴的折射角 θ_r 表示为：

$$\theta_r=2(\pi-\theta_n)+\alpha+2\sin^{-1}\left[\frac{\sin(\theta_n+\alpha)}{\varphi}\right] \tag{7-6}$$

其中，θ_r 为光线 r 与水平轴的夹角；θ_n 表示光线 r 出射点法线与水平轴的夹角；α 为

出射光与水平轴的夹角；φ 为水的折射指数。

由于雨滴对于场景辐射的作用近似于广角镜头，使得大量光线经过折射后进入相机，因此可以通过 θ_r 求出雨滴的视角范围。假设 θ_n 的取值范围在 0°到 90°之间，根据式(7－6)不难得出雨滴的视角范围近似于 165°，如图 7－4(b)所示。

基于上述雨滴光学模型，可以根据辐射量函数以及雨滴视角范围得出两个结论：

(1)当雨滴下落经过相机视场内时，由于场景光经雨滴反射、折射以及内部反射后的光线相互叠加，其亮度远远大于背景。因此，当雨滴通过背景像素时会使其强度值增大。

(2)由于被雨滴遮挡的背景视角远远小于雨滴本身折射角，因此尽管雨滴是透明的，静态雨滴亮度(不考虑运动模糊)并不取决于遮挡背景亮度。

Nayar 等人通过模拟雨滴成像实验，验证了雨滴下落时的强度变化特性，分别为雨滴像素时间变化特性、雨滴像素空间变化特性以及不同光强背景下雨滴强度变化特性，如图 7－5 所示。为了模拟不同光强背景下雨滴的强度变化，背景由不同灰度的条纹渐变带组成，A 到 E 分别表示雨滴自由下落时经过不同光强背景的强度波谱。

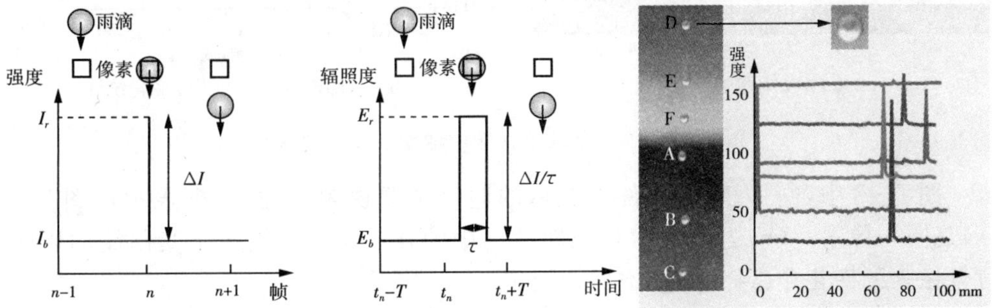

(a) 雨滴像素时间变化特性　(b) 雨滴像素空间变化特性　(c) 不同背景下雨滴强度变化特性

图 7－5　雨滴在不同背景下强度变化曲线

图 7－5 中，(a)和(b)表示雨滴像素随时间、空间变化特性，从图 7－5 中可以看出，当雨滴经过背景像素点时强度值增大，因此证明了雨滴通过背景像素时会使其强度值增大这一结论；(c)表示不同背景下雨滴强度变化特性，当雨滴通过不同区域时会出现一个波峰，表示此时的强度突然增大。通过强度变化示意图可以看出，雨滴的光强比背景光强大很多。同时，实验表明尽管雨滴下落时通过的背景光强不同，但雨滴对图像强度变化的影响是近似一致的。

Nayar 等人提出的模拟雨滴强度变化实验是依靠雨滴与背景辐射而成像，它从原理上分析了雨滴经过背景时像素强度的变化关系，虽然获取的雨滴强度变化曲线具有一定的规律，但在户外监控条件下，场景中存在光照变化和噪声等影响，在视频成像过程中存在一些误差。为了探究现实条件下户外获取的雨天视频的强度变化特征，采集了几十组雨天视频样本进行验证，由于篇幅限制，本节选取 2 组视频图像进行强度变化分析。

图 7 - 6 中，(a)为获取的雨天视频中的一帧图像，方框为受雨影响的像素，可以看出实际获取视频中雨滴并不是球形而是明亮的雨线；(b)表示该像素在视频序列中强度的变化。从图 7 - 6 中可以看出，受雨影响的像素强度在光照变化及噪声的影响下在一定范围内波动。

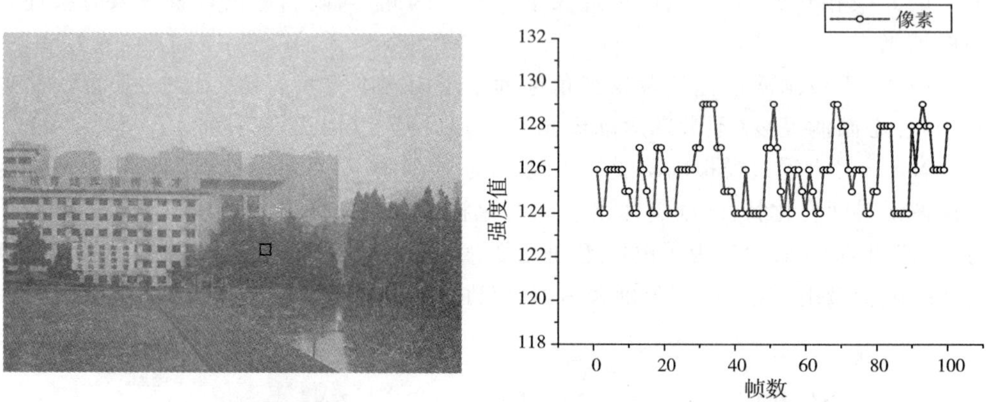

(a) 受雨影响像素　　(b) 受雨影响像素的强度变化统计

图 7 - 6　雨天条件下视频中像素强度变化统计

图 7 - 7 中，(a)为晴天条件下获取的同一位置视频图像，方框表示与图 7 - 7 (a)是同一像素。(b)为该像素在视频序列中的强度统计。由于不受雨滴的影响，背景像素的变化非常微小，基本保持恒定。

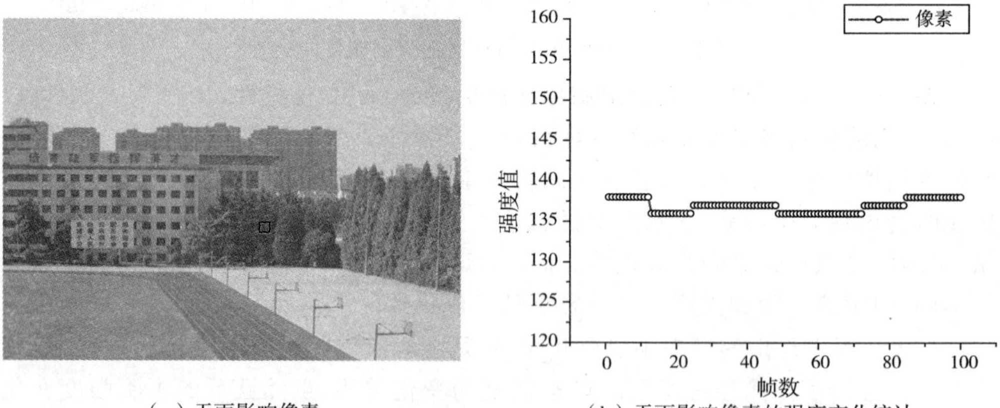

(a) 无雨影响像素　　(b) 无雨影响像素的强度变化统计

图 7 - 7　同一像素晴天条件下强度变化统计

通过对以上像素强度变化分析可知，在实际条件下雨滴呈明亮线条状且受雨影响像素的变化是不规律的，在光照及噪声的影响下背景像素值变化幅度不均一，且变化量在十个灰度级内浮动，仅采用恒定阈值强度变化对雨滴进行检测是不准确的。因此，根据这一结论，我们需要一种独立于亮度信息且不受光照变化影响的算法，以获得更为准确的雨滴检测结果。

7.1.3　雨场的光学成像模型

雨是由大量快速运动的雨滴组成，分析其特性可知，受雨滴影响的像素在时空上产生强度变化，并且在视频上表现为条纹状的白色雨线。但是在视频中并不是所有的雨滴都会产生雨线，由于小孔成像原理，离相机较远的雨滴在成像中小于一个像素，因此对像素强度的影响极小。虽然这些雨滴没有明显的强度变化，但是对视频图像质量也会造成类似于雾霾的影响。我们假设视频中的雨滴可以分为静态雨滴和动态雨滴，静态雨滴会造成视频细节信息丢失和模糊，同时动态雨滴对目标物体产生白色雨线遮挡。一般来说，从户外监控系统中获得的视频图像绝大多数都含有静态雨滴和动态雨滴，如图 7－8 所示。因此，可以将受雨天视频降质因素分为动态遮挡影响和静态模糊影响。

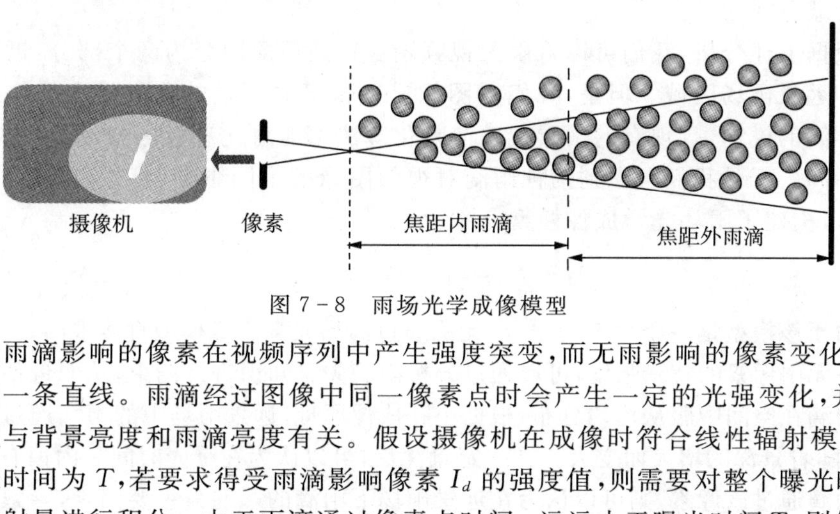

图 7－8　雨场光学成像模型

受雨滴影响的像素在视频序列中产生强度突变，而无雨影响的像素变化平稳，近似为一条直线。雨滴经过图像中同一像素点时会产生一定的光强变化，并且其强度值与背景亮度和雨滴亮度有关。假设摄像机在成像时符合线性辐射模型，相机曝光时间为 T，若要求得受雨滴影响像素 I_d 的强度值，则需要对整个曝光时间 T 内的辐射量进行积分。由于雨滴通过像素点时间 τ 远远小于曝光时间 T，则像素点光强 I_d 可以表示为背景光辐射 E_{bg} 和雨滴自身光辐射 E_r 线性相加：

$$I_d = \int_0^\tau E_r \mathrm{d}t + \int_\tau^T E_{bg} \mathrm{d}t \tag{7-7}$$

其中，根据一般相机指标可计算出 τ 的最大值为 1.18 ms，远远小于标准视频帧数（30 帧 / 秒），即相机曝光时间 $T \approx 33$ ms。

为了简化上式，我们用 $I_{bg} = TE_{bg}$ 代表无雨时背景光强值，$I_r = \tau E_r$，式(7－7)

可简写为

$$I_d = I_r + I_{bg} - \tau \bar{E}_{bg} \tag{7-8}$$

其中，$\bar{E}_{bg}$ 为背景的平均亮度。

由雨滴的光学模型可知，雨滴的亮度远远大于背景亮度，且 τ 远远小于曝光时间 T，因此可以认为 $\tau\bar{E}_{bg}$ 是一个很小的常量，可忽略不计。

如果式(7－8)中的 I_r 确定，那么视频中受雨影响的像素值就可以恢复。但是，视频图像中往往含有静态雨滴产生的图像模糊，需要进一步对雨天视频图像清晰化。远景雨场模型可以近似的用 I_{bg} 表示：

$$I_{bg} = (1-t) \cdot A + t \cdot J \tag{7-9}$$

其中，J 为场景的辐射亮度，A 为全局大气光，t 为衰减系数。

根据大气散射模型可知，当在均匀介质中传输时，衰减系数 t 可以表达为：

$$t(x) = \mathrm{e}^{-\beta d(x)} \tag{7-10}$$

其中，β 是大气衰减系数，$d(x)$ 与景深有关，因此，I_{bg} 的强度值随着景深的增大呈指数衰减。

根据上述分析，我们可以将雨天视频图像按降质原因分为两个部分：近景雨场区域和远景雨场区域。但是，我们对图像进行恢复时所求的背景强度值往往含有静态雨滴的模糊，且现有的雨天视频清晰化算法不能对此进行区分，所以视频恢复质量不高。于是我们考虑到两种雨滴对视频图像的不同影响，将式(7－9)带入式(7－8)，构建了雨场光学成像模型：

$$I_d = I_r + (1-t) \cdot A + t \cdot J \tag{7-11}$$

由于该模型是一个病态问题，I_r 无法通过雨场光学成像模型直接求出。因此，为了求解无雨像素的背景强度，可以通过分析雨滴先验知识进行约束，从而近似求解。由于雨滴在空间中服从均匀分布，根据小孔成像原理，远景雨场中的雨滴通过像素的时间 τ 随着景深的增大而变大。在一定景深后，可以认为在曝光时间 T 内恒有远景雨场的雨滴通过该像素，则可以认为在远景雨场下雨滴的影响为主要因素，导致景物模糊不清。而在近景雨场下，背景强度为主要因素，雨滴只是偶尔产生雨线遮挡。

因此，雨天视频清晰化算法可以分为两个部分：在近景雨场时，主要目的是去除雨线遮挡；而在远景雨场时，则需要去除景物模糊。根据雨滴对雨场的影响因素不同，去除雨滴时需要对不同雨场分别对待。

由于户外条件下获取的雨天视频中往往含有其他运动物体，在时空上也会对像素强度值产生影响，为了区别雨滴与其他运动物体，Nayar 等人根据相机线性辐射模型提出了一种基于雨滴强度变化特性的判别模型。该模型认为在近景雨场下

受雨影响的像素与背景像素值成一定的比例关系，即雨滴经过背景像素时会产生一定的强度变化，则强度改变量为

$$\Delta I = I_d - I_{bg} \tag{7-12}$$

将式(7-8)代入，近景雨场的雨滴强度变化模型可简化为

$$\begin{cases} \Delta I = \alpha I_{bg} + I_r \\ \alpha = -\tau / T \end{cases} \tag{7-13}$$

其中，ΔI 为同一像素连续两帧的变化值，α 与雨滴经过一个像素点的时间和相机曝光时间有关，根据一般相机的参数和雨滴物理特性可知，系数 α 的值分布在 $-0.039 \sim 0$。由雨滴光学特性可知，同一雨滴产生的像素变化量近似一致，那么可以认为 I_r 为常数。

7.1.4　雨线的特性

雨滴由于摄像机对光强辐射的线性响应以及在有限的曝光时间内对辐射的积分，高速下落时会产生运动模糊，呈现出近白色的条纹遮挡，造成图像模糊、细节信息丢失，我们将这些白色条纹称作雨线。其中，影响雨滴在视频图像中形态的决定因素是相机的曝光时间，随着曝光时间的增大，从视觉上来看雨滴从明亮的点状变为条纹状。

图 7-9 是同一相机在不同曝光时间内获取的视频图像。图 7-9(a)为曝光时间 1 ms 下拍摄的图像，图像中雨滴成白色点状，其强度值与背景强度并无关系，只与雨滴本身亮度有关。图 7-9(b)为曝光时间 33 ms 下拍摄的图像，图像中雨滴成近白色条状遮挡，其强度值与背景强度有一定的线性关系。

(a) 曝光时间1 ms　　(b) 曝光时间33 ms

图 7-9　相同场景不同曝光时间下雨滴形态

根据 Brewer 等人提出的雨滴形状特征先验可知，图像中雨线的长宽受雨滴直径、相机曝光时间、相机焦距以及雨滴到相机距离所约束。因此，可以利用相机参数和雨滴的物理特性确定雨线的长宽比范围。若用 $l(d,z)$ 表示雨线长，$b(d,z)$ 描述雨线宽，则：

$$l(d,z)=\frac{v(d)Tf}{z}+\frac{df}{z} \tag{7-14}$$

$$b(d,z)=\frac{df}{z} \tag{7-15}$$

其中，$v(d)$是雨滴最终下落速度，f 是相机焦距，T 是曝光时间，z 是雨滴到相机距离。综合式(7-14)、式(7-15)联立方程组，可以得到雨线长宽比 δ 的表达式：

$$\delta=\frac{(-0.2+5.0D-0.9D^2+0.1D^3)T}{D}+1 \tag{7-16}$$

从式(7-16)可以看出雨线长宽比只与雨滴的直径和相机曝光时间有关，其中，D 为雨滴直径、T 为相机曝光时间，自然条件下雨滴直径为 0.1～3 mm，如果曝光时间未知，那么假设采用一般摄像机，曝光时间在 33 ms 左右。因此，根据上述雨滴先验知识，可以确定雨线长宽比范围为 88～95。

7.1.5 雨滴的颜色特性

雨滴有独特的亮度特性，Zhang 等人通过研究雨天视频中受雨影响像素的变化，统计得到了一个客观规律，即受雨影响的像素的 R、G、B 三种颜色成分的强度变化可以近似为一致的。假设 R、G、B 和 R'、G'、B'是两个连续帧相同位置像素的色彩分量，那么色彩分量的改变量 $\Delta R=R-R'$、$\Delta G=G-G'$ 和 $\Delta B=B-B'$受一个小的阈值所限制。

图 7-10 为雨天视频样本库中实验采集的数据样本，并统计受雨影响像素的颜色分量改变量。图 7-10(a)为场景 6 样本数据，其中方框表示受雨影响的像素，图 7-10(b)为方框内受雨影响像素的颜色分量改变量统计图。从中可以看出，受雨影响像素的颜色分量 ΔR、ΔG、ΔB 近似是相同的，在实际获取的雨天视频中，该特性受一个很小的阈值限制。

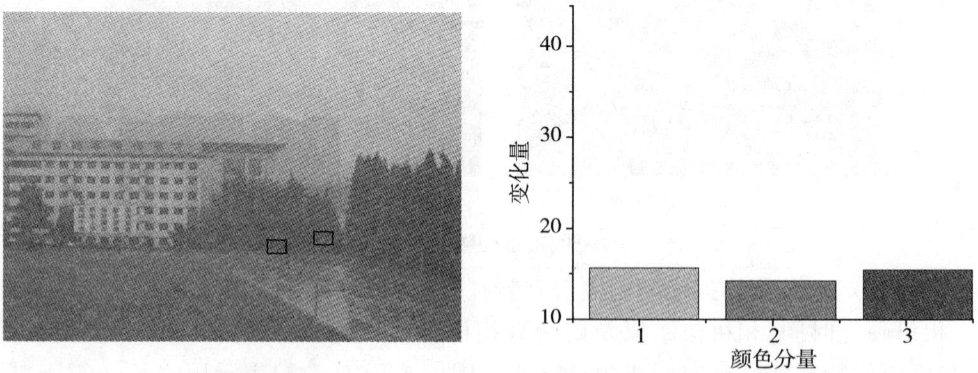

(a) 受雨影响像素　　(b) 受雨影响像素颜色分量改变量

图 7-10　雨滴的颜色特性

7.2　雨天侦察图像清晰化技术

在进行雨天图像清晰化时需要对雨场进行检测。目前，雨天视频清晰化的检测算法主要采用雨滴的时变特性如帧差法、色彩特性检测、K - means 聚类法、频域模型等。虽然上述检测算法很好地解决了动态雨滴对视频遮挡的问题，但是判别模型依赖于雨滴的特征约束，若场景中雨滴变化特征不明显，会导致检测模型失效，而场景中仍然存在着大量影响视频细节信息的因素，不利于人眼的观察及后续图像处理。根据小孔成像原理，随着景深的增加，距离相机越远的雨滴成像越小，导致远景雨场中大量雨滴在相机中往往不到一个像素，因此对背景像素的影响十分微小，不易检测，我们将其称为静态雨滴，如图 7 - 11 所示。

图 7 - 11　远景雨场图像

由于相机分辨率和小孔成像的影响，远景雨场中的雨滴在视频中往往不到一个像素，且强度变化不明显，其视觉表现形式类似于雾，因此本章从去雾角度对远景雨场的去除算法进行研究。受客观统计规律的启发，何恺明等人提出了一种有效的场景透射率估计方法——暗原色先验（Dark - channel Prior）。由于无雾的自然图像中像素总存在一些暗通道，因此根据暗通道亮度变化可以粗略估计景深的分布。基于此，本节提出一种基于暗原色先验的远景雨场检测与去除算法，该方法采用暗原色先验估算远景雨场的景深分布，获得大气光传输估计，然后利用专家场模型对大气传输图进行优化，最后通过大气散射模型恢复远景雨场中细节信息。

7.2.1　暗原色先验

暗原色先验是何恺明等人研究图像去雾经过实验统计得到的客观物理规律，即在绝大多数户外无雾图像的任意局部区域中，总存在一些像素在至少一个颜色通道的像素值很低。换言之，在这些区域中，相应的 R、G、B 三个颜色通道中的最小值趋近于零，即暗原色先验规律。根据以上物理规律，何恺明等人给出了暗原色先验的数学表达式，对于任意图像 J，其暗原色定义为：

$$J^{\text{dark}}(x)=\min_{c\in[r,g,b]}\{\min_{y\in\Omega(x)}[J^{c}(y)]\} \tag{7-17}$$

其中，J^{dark}表示图像 J 的暗原色，J^{c} 是图像 J 中的一个颜色通道，$\Omega(x)$表示以像素 x 为中心的方形区域。若 J 是无雾的图像，那么 J^{dark}的值应该很小并趋近于零。

在实际应用过程中，首先将图像转换为 RGB 彩色空间，求出每一个像素在三个彩色通道中的最小值，然后对求得的最小值图像进行局部区域最小滤波，因此对于所有无雾条件下的彩色图像有：

$$J^{\text{dark}}(x)\rightarrow 0 \tag{7-18}$$

通过统计规律可知，彩色图像中的暗原色先验规律是普遍存在的，主要存在于阴影区域、自然场景的投影、色彩较暗或色彩鲜艳的物体表面。由于自然场景下的彩色图像或多或少都含具有暗原色先验的物体，因此彩色图像中暗原色是普遍存在的，如绿色的植物、灰暗的建筑与道路、色彩艳丽的服饰等。综上所述，自然场景下景物的暗原色是非常低的，如图 7－12 所示。

图 7－12　无雾条件下自然场景及其暗原色

7.2.2　远景雨场的暗原色分析

由于远景雨场中雨滴的成像特性以及相机像素分辨率的限制，传统的雨滴判别模型并不适用于远景雨场的检测。为了适应该条件下雨滴特性的变化，在检测模型中需要利用雨场景深的影响建立判别模型。显而易见，暗原色先验理论非常适合估计景深。由本章参考文献[6]可知，在雾天条件下，入射光经过大气散射导致景物呈现灰白色，改变了图像原本的灰度值，使图像整体强度变高，景物细节信息丢失，对比度下降，从而造成图像暗原色强度变高。根据暗原色分布特性，其强度变化大致符合场景景深的分布。基于此，本章分析了数百组样本图像，结合暗原色先验的特性，验证远景雨场中暗原色与景深的分布规律，如图 7－13 所示。

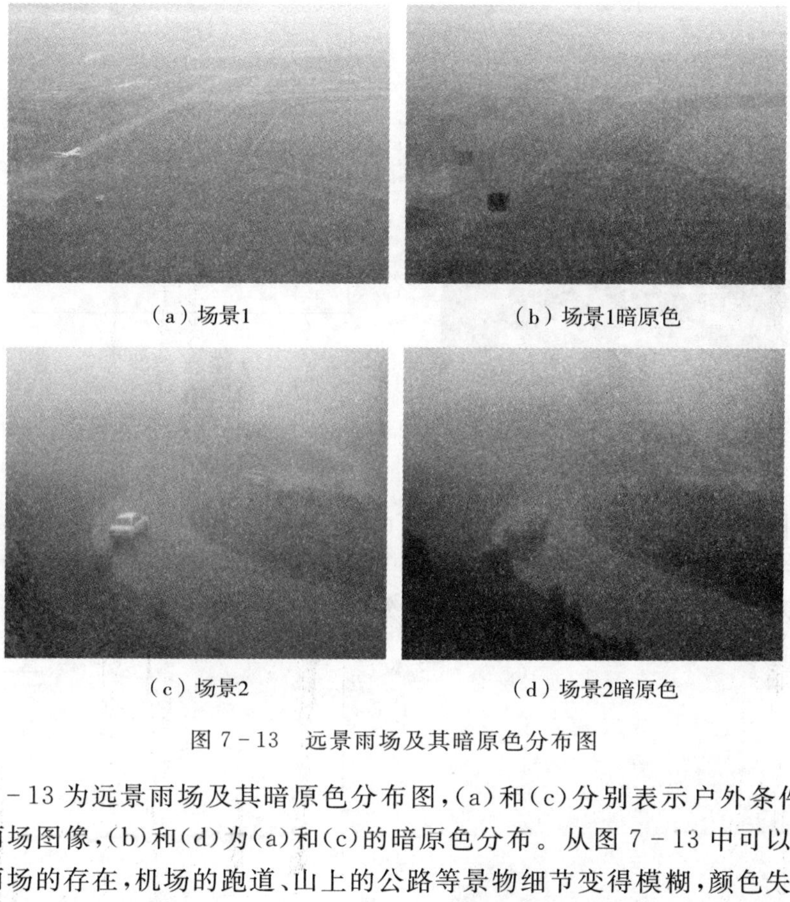

(a) 场景1　(b) 场景1暗原色

(c) 场景2　(d) 场景2暗原色

图 7－13　远景雨场及其暗原色分布图

图 7－13 为远景雨场及其暗原色分布图，(a)和(c)分别表示户外条件下获得的远景雨场图像，(b)和(d)为(a)和(c)的暗原色分布。从图 7－13 中可以看出，由于远景雨场的存在，机场的跑道、山上的公路等景物细节变得模糊，颜色失真，而图像的暗原色从原本的灰暗变为现在的明亮，从视觉上来看，暗原色强度分布规律符合图像中景深的分布情况。

大气传输图是决定雾天图像暗原色强度的关键因素，在同一场景下大气传输图与景深分布是一致的。本章参考文献[6]验证了在视觉上雾天图像中暗原色像素的强度大致接近雾的浓度，因此可以根据暗原色像素的明亮程度来估计雾的浓度，同时求得图像中物体的大致距离，获得场景的分布图。为了探寻远景雨场分布是否均匀以及暗原色分布与景深之间的关系，本节采用实验分析的方法：首先，根据暗原色先验理论对数百组远景雨场图像做了模拟实验，求出每一幅远景雨场图像中暗原色强度分布图，同时画出暗原色强度分布图与景深变化的曲线图进行分析，如图 7－14 所示。其次，统计数十组视频中远景雨场像素的强度分布，画出分布曲线进行分析，如图 7－15 所示。

（a）暗原色分布图

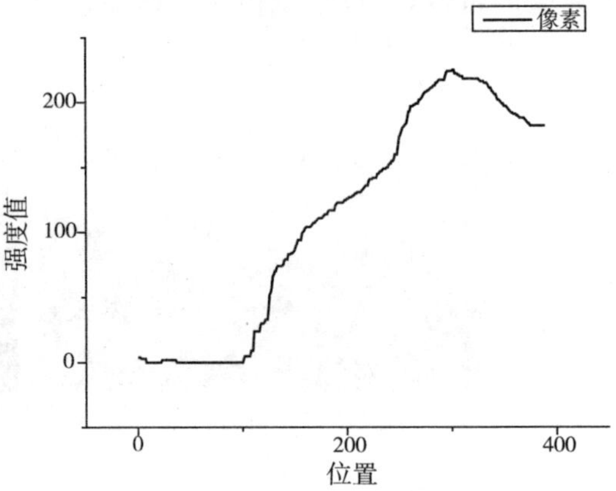

（b）景深与强度统计图

图 7－14　暗原色分布及其强度统计图

图 7－14 为暗原色分布及其强度统计图，图(a)是远景雨场中的暗原色强度分布图，其中竖线表明景深的由远及近。图(b)表示图(a)中竖线部分随景深变化暗原色强度统计图。从图 7－14 中可以看出，雨的密度随着景深的增加而增大，暗原色越明亮景深越大，与雾天图像的暗原色分布规律基本一致。

（a）远景雨场

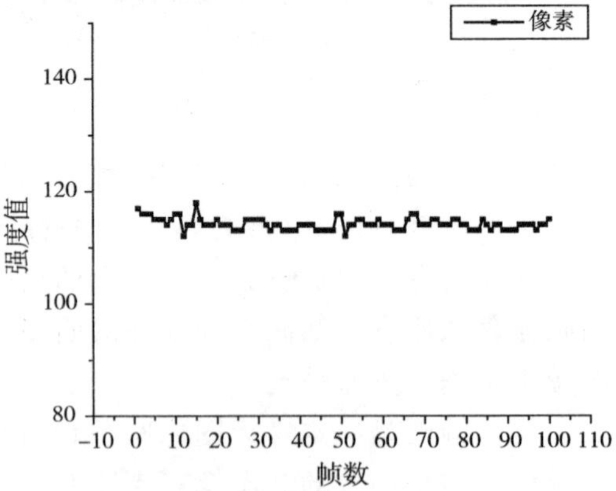

（b）远景雨场像素变化统计

图 7－15　远景雨场像素强度分布统计图

图 7－15 为远景雨场像素强度分布统计图，图(a)中小方块区域表示远景雨场中一个像素点，图(b)表示该像素点在视频序列中强度分布。从图中可以看出远景雨场的像素值几乎不变，那么可以认为视频中远景雨场在时空上分布是均匀的，符合大气散射模型条件。

通过以上实验分析可知，①由于雨滴在三维空间中服从均匀分布，视频中远景雨场的像素值近似一致，因此远景雨场的分布是均匀的；②由于大气光散射的影响，远景雨场使暗原色图像变得明亮，因此远景雨场中暗原色像素强度与大气传输图有关，同时，在视觉上可以根据暗原色明亮程度大致估算出景深分布。

7.2.3　基于暗原色先验的远景雨场检测

由于静态雨滴的成像特性，远景雨场中的像素在时空上不会造成强度突变和雨滴的运动模糊，然而这些静态雨滴也导致了图像质量下降、细节模糊，给雨天视频清晰化带来了一定的困难。通过分析雨天视觉模型以及远景雨场的成像特性，发现远景雨场也存在类似于暗原色先验的规律，只需要计算雨天视频图像内是否存在一些像素点，它们以及周围的像素点至少有一个颜色通道的强度值很低，即能确定是否受远景雨场影响。

由于大气光的叠加性，当传输图比较低的时候，有雨图像要比无雨图像更亮。因此雨天图像的暗通道在远景雨场的地方将会具有更好的强度值。换句话说，暗通道的强度值可以粗略近似于雨场的密度分布，因此我们可以利用这一属性来估计大气传输图和大气光。

假设在一定距离外，局部区域 $\Omega(x)$ 中雨滴分布是均匀的，那么通过对式(7－17)进行取最小操作，可得：

$$\min_{y\in\Omega(x)}[I^c(y)]=[1-E(x)]\min_{y\in\Omega(x)}[L^c(y)]+E(x)A_\infty^c \qquad (7-19)$$

根据暗原色先验可知，无雾辐射 L 的暗通道 I_{dark} 强度值应该近似为 0，与此同时，由于 A_∞^c 总是正的，我们可以通过如下式子来估计粗略的大气传输图：

$$E(x)=\min_c\left\{\min_{y\in\Omega(x)}\left[\frac{I^c(y)}{A_\infty^c}\right]\right\} \qquad (7-20)$$

通过实验发现，采用该方法求解大气传输图的一个缺点是不能妥善保留边缘，如图 7－16 所示。这主要是由于在暗通道计算阶段所采用的腐蚀滤波造成的。为了优化大气光照传输图，He 等人采用软抠图方法进行处理。然而，抠图算法是通过求解一个稀疏的线性方程组来修补大气光照传输图，而场景透射率则是描述景物辐射的衰减程度，所以使用抠图算法进行细化操作并不合理。

7.2.4　基于专家场模型的大气传输图优化

当传输图比较低的时候，由于大气光的叠加性，有雨图像要比无雨图像更亮。

（a）远景雨场　　（b）暗原色先验

图 7－16　远景雨场暗原色先验

因此雨天图像的暗通道在远景地方将会具有更好的强度值。换句话说，暗通道的强度值可以粗略近似于远景雨场的浓度分布，因此我们可以利用这一属性来估计大气传输图和大气光。

根据 Bouguer－Lambert 定律，光在某种介质中的能量损耗与光通过的距离成正比，即

$$I(\lambda)=I_0(\lambda)\exp[-k(\lambda,m)m] \tag{7-21}$$

其中，$I_0(\lambda)$为进入该介质的通量密度；$I(\lambda)$表示经过光程长度 m 后辐射出的通量密度；$k(\lambda,m)$为消光系数。

受到 Welling 等人提出的专家乘积（Product of Experts，PoE）模型启发，Roth 和 Black 提出了一种有效的先验概率模型——专家场（Field of Experts，FoE）模型，由于该模型可以学习图像中的先验知识，因此在图像去噪、修复等领域得到了广泛应用。专家乘积模型是将图像中的数据转换为用一系列专家函数的乘积形式来描述，而所涉及的每一个专家函数均作用于低维子空间，通常为一维图像的线性子空间。通过观察发现作用于自然图像的线性滤波器响应存在类似于 Student－t 分布的高峰度重拖尾的边缘分布函数形式，Welling 据此提出使用 Student－t 分布的专家对标记图像进行建模，模型定义为：

$$p(x)=\frac{1}{Z(\Theta)}\prod_{i=1}^{N}\varphi_i(J_i^{\mathrm{T}}x;\alpha_i),\quad \Theta=\{\theta_1,\cdots,\theta_N\} \tag{7-22}$$

其中，$\theta_i=\{a_i,J_i\}$，专家函数 φ_i 具有如下形式：

$$\varphi_i(J_i^{\mathrm{T}}x,\alpha_i)=\left[1+\frac{1}{2}(J_i^{\mathrm{T}}x)^2\right]^{-\alpha_i} \tag{7-23}$$

由于 PoE 模型中的专家本身并没有假设成归一化后的。因此，根据 Hammersley－Clifford 理论，令 PoE 模型数据服从 Gibbs 分布，则：

$$p(x)=\frac{1}{Z(\Theta)}\exp[-E_{\text{PoE}}(x,\Theta)] \tag{7-24}$$

其中，E_{PoE} 满足

$$E_{\text{PoE}}(x,\Theta)=-\sum_{i=1}^{N}\log\varphi_i(J_i^{\text{T}}x,\alpha_i) \tag{7-25}$$

由于 PoE 模型不能应用于全图像建模，因此，Roth 等人结合马尔可夫随机场与稀疏表示有关理论，提出了专家场模型。假设将图像中的数据表示成图 $G=(V,E)$，其中 V 表示节点，E 为边界，定义一个大小为 $m\times m$ 矩形邻域系统，且将每一个中心节点为 $k=1,2,\cdots,K$ 的邻域系统定义为图中最大的基团，根据 Hammersley-Clifford 理论，令模型中的概率密度服从 Gibbs 分布形式：

$$E_{\text{PoE}}(x)=-\sum_{k=1}^{K}\sum_{i=1}^{N}\log\varphi_i(\boldsymbol{J}_i^{\text{T}}x_k,\alpha_i) \tag{7-26}$$

为了描述场景图像中辐射的衰减，这里采用如下形式的专家函数 φ_i：

$$\varphi_i(\boldsymbol{J}_i^{\text{T}}x,\beta_i)=(\boldsymbol{J}_i^{\text{T}}x)^{\beta_i} \tag{7-27}$$

因此，FoE 模型可改写为：

$$E_{\text{FoE}}(x)=\sum_{k=1}^{K}\sum_{i=1}^{N}[\beta_i\log\varphi_i(\boldsymbol{J}_i^{\text{T}}x_k)] \tag{7-28}$$

其中，β_i 为调整系数(在实验中 $\beta_i=0.25$)，$\boldsymbol{J}_i$ 表示专家滤波器。

受 Retinex 理论启发，认为降质图像中的雾气成分主要分布在图像的相应低频成分上，根据远景雨场视觉特性，可以通过下式来假设模拟出图像中的远景雨场分布：

$$\boldsymbol{J}_i(x,y)=\exp\left(-\frac{x^2+y^2}{\delta^2}\right) \tag{7-29}$$

其中，δ 表示用于控制滤波器的尺度参数。

根据式(7-28)，我们采用 5×5 的专家滤波器：

$$\boldsymbol{J}=\frac{1}{256}\begin{pmatrix}1&4&6&4&1\\4&16&24&16&4\\6&24&36&24&6\\4&16&24&16&4\\1&4&6&4&1\end{pmatrix} \tag{7-30}$$

根据图像退化模型，大气光 A 与光学厚度有关，即随着光学厚度的增加大气光 A 越

来越占主导地位。这里我们采用 He 等人提出的方法，选取暗通道中 0.1% 的最亮区域的像素，然后从其对应的输入图像 I 中进行统计平均，作为全局大气光 A 的强度值。

7.2.5 清晰化实验结果

为了验证本章提出算法的可行性和有效性，选择了 2 组户外雨天视频图像作为实验样本，采用了目前主流的去雾算法，即 He 算法、Tan 算法、Tarel 算法、Yu 算法以及本节算法进行对比实验，结果如图 7-17、图 7-18 所示。

从图 7-17 场景 1 对比实验中可知，图(a)为实拍远景雨场图像，由于远景雨场的影响导致远处楼房上字体标牌模糊、窗户细节信息丢失等；图(b)为本章参考文献[5]算法的实验结果，从结果中可以看出天空区域恢复效果不自然，景物边缘处明显变亮，视觉效果粗糙；图(c)和图(d)分别为本章参考文献[14]算法与本章参考文献[15]算法的实验结果，可以看出恢复结果偏亮且颜色失真；图(e)为本章参考文献[16]算法的实验结果，从图中可以看出在天空区域中有强度突变现象，但总体视觉效果较好；图(f)为经过本节算法去除远景雨场的效果图，其中远处景物对比度有了明显的提高，同时经过去雨后的景物颜色自然、亮丽，楼房上的字体标牌清晰可见。

为了验证在运动背景下本节算法的可行性和有效性，图 7-18 给出了另一组场景的对比实验效果。从实验结果中可以看出，大体上与图 7-17 中效果相符合，本节算法也取得了较好的恢复效果，在对比度、细节以及颜色等方面表现优异，得到了清晰、自然的远景雨场去除结果。

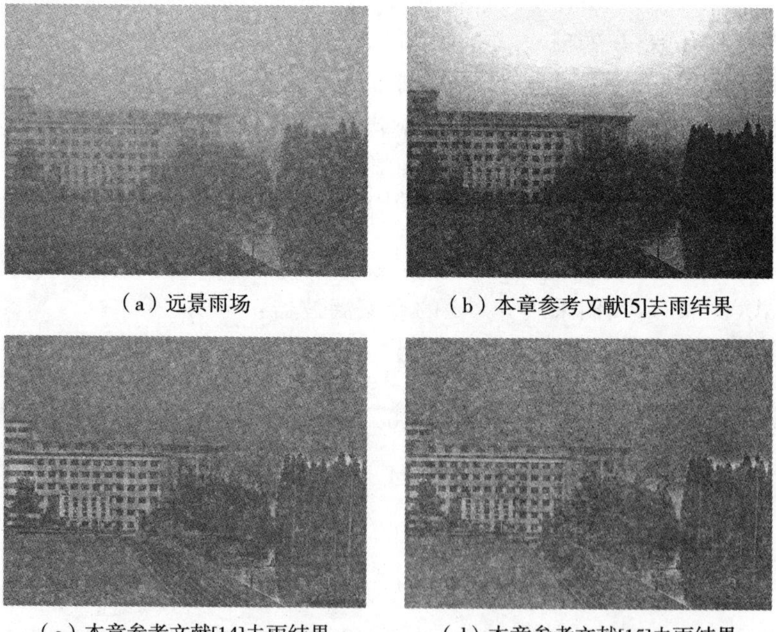

(a) 远景雨场　(b) 本章参考文献[5]去雨结果

(c) 本章参考文献[14]去雨结果　(d) 本章参考文献[15]去雨结果

（e）本章参考文献[16]去雨结果　　（f）本节算法

图 7-17　场景 1 中远景雨场去除效果

（a）远景雨场　　（b）本章参考文献[5]去雨结果

（c）本章参考文献[14]去雨结果　　（d）本章参考文献[15]去雨结果

（e）本章参考文献[16]去雨结果　　（f）本节算法

图 7-18　场景 2 中远景雨场去除效果

7.3 清晰化效果评价实验

为了定量评估本章算法远景雨场去除的效果，采用实拍的远景雨场图像进行实验，由于远景雨场的视觉影响效果类似于雾，因此定量对比本章算法与目前主流的去雾算法之间的效果。这里采用 3 种不同的图像质量客观评价方法，分别为图像对比度、熵值以及清晰度作为评价指标。表 7－1 与表 7－2 分别给出了场景 1 与场景 2 的具体评价结果。

表 7－1 场景 1 中图像的对比度、熵值、清晰度比较

	对比度	熵	清晰度
原图	44.94	5.89	0.52
本章参考文献[5]	88.73	7.40	0.74
本章参考文献[14]	30.52	6.81	0.67
本章参考文献[15]	29.31	6.78	0.62
本章参考文献[16]	86.60	6.69	0.68
本章算法	84.58	7.58	0.72

表 7－2 场景 2 中图像的对比度、熵值、清晰度比较

	对比度	熵	清晰度
原图	59.11	7.59	0.76
本章参考文献[5]	63.55	8.40	0.74
本章参考文献[14]	56.78	7.65	0.78
本章参考文献[15]	57.07	7.66	0.78
本章参考文献[16]	78.61	7.81	0.81
本章算法	76.58	8.12	0.81

从表 7－1 与表 7－2 中可以看出，本章算法在对比度、熵值以及清晰度指数上基本取得了最大值，同时也符合人眼视觉上对两者的评价结果。对比度越大表明图像中灰度级分布越分散，视觉效果越好；熵值越高表明图像中信息量越大，细节越丰富；清晰度越高表示图像变换越剧烈，变化越大。综上所述，本章算法在视觉上和评价指数上优于传统的去雾算法。

7.4　本章小结

本章在分析雨天侦察图像特点及光学模型的基础上，提出了一种基于暗原色先验和专家场模型的远景雨场检测与去除方法。首先基于暗原色先验获得粗略的大气传输图估计，然后综合运用专家场模型和导引滤波来从退化图像中获取先验信息，以便对大气传输图进行优化，最后根据大气散射模型反向求解，得到复原后的场景图像。实验表明，该算法可以有效提高远处景物的对比度，得到清晰、自然的远景雨场去除结果。

本章参考文献

[1] 周远．雨天条件下视频清晰化[D]．合肥：陆军炮兵防空兵学院，2015.

[2] Garg K, Nayar S K. Photometric Model for Raindrops[J]. Columbia University Technical Report, 2003.

[3] 周远，韩裕生，周浦城．一种单幅图像的雨滴去除方法[J]．图学学报，2015, 36(3)：438 - 443.

[4] He K M, Sun J, Tang X O. Single image haze removal using dark Channel Prior[J]. Proc of IEEE Computer Vision and Pattern Recognition, 2009, 1956 - 1963.

[5] 董书莉．视频图像雨场去除技术研究[D]．南京：南京航空航天大学，2011.

[6] Her K M. A fast algorithm for local minimum and maximum filters on rectangular and octagonal kernels [J]. Pattern Recognition. Lett. 1992, 13:517 - 521.

[7] Levin A, Lischinski D, Weiss Y. A closed form solution to natural image matting[J]. IEEE Transactions on Pattern Analysis and Machine Intelligence, 2008, 30(2)：228 - 242.

[8] McCartney E J. Optics of the atmosphere: scattering by molecules and particles [C]. John Wiley and Sons: New York, 1975.

[9] Welling M, Hinton G, Osindero S, Learning sparse topographic representations with products of Student - t distributions [C]. Proc of NIPS, 2003, 1359 - 1366.

[10] Roth S, Black M J. Fields of experts: A framework for learning image priors[C]. Proc of the IEEE Conference on Computer Vision and Pattern Recognition, 2005, 860 - 867.

[11] Roth S, Black M J. Fields of experts [J]. International Journal of Computer Vision, 2009, 82(2): 205 - 229.

[12] Land E H. An alternative technique for the computation of the designator in the Retinex theory of color vision [J]. Proc of the National Academy of Science, 1986, 3078 - 3080.

[13] Ancuti C O, Ancuti C, Hermans C. A fast semi - inverse approach to detect and remove the haze from a single image [C]. Proc of ACCV, 2010: 507 - 515.

[14] Tan R. Visibility in bad weather from a single image [C]. Proceedings of IEEE Conference on Computer Vision and Pattern Recognition, 2008, 1: 1 - 8.

[15] Tarel J P. Fast Visibility Restoration from a Single Color or Gray Level Image [C]. Proceedings of IEEE Conference on International Conference on Computer Vision, 2009, 10: 20 - 28.

[16] 禹晶，李大鹏，廖庆敏．基于物理模型的快速单幅图像去雾方法[J]. 自动化学报，2011，37(2)：143 - 149.

第 8 章　总结与展望

8.1　全书总结

编撰本书的想法始于课题组 2016 年结题的相关图像清晰化项目，但限于种种原因未能启动，2018 年 6 月份课题组又完成了针对清晰化效果评价的课题，此时才着手开始准备，考虑将两个课题成果融合在一起形成本书的主体内容。但整理过程中发现课题原先采用的技术和方法尽管满足了研究需要，但采用深度学习等新技术进行图像处理所做的工作不足，因此补充了基于深度学习的清晰化和评价内容。

图像清晰化是个泛化的概念，图像增强、复原等内容都可以涵盖进来，具体到本书的研究对象，其突出表现在受雾霾天气、成像平台抖动模糊、低分辨率、噪声等因素影响，因此全书内容围绕这些降质影响的“逆过程”展开，尝试回答两个关键问题“如何清晰化”和“清晰化的效果怎么样”，主要工作可简单总结为：

(1)对五类待清晰化侦察图像进行了特征分析，并结合研究需要构建了相应侦察图像数据库，图像数据库的构建为清晰化算法设计与效果评价方法验证提供了数据支撑。

(2)针对不同的降质影响因素研究了针对性的清晰化方法。主要包括基于暗原色先验的雾天侦察图像清晰化、基于 DeblurGAN 抖动侦察图像去模糊清晰化、基于稀疏表示的低分辨率侦察图像清晰化、基于加权核范数最小化噪声侦察图像去噪清晰化、基于暗原色先验和专家场模型的雨天侦察图像清晰化。

(3)在对侦察图像清晰化的同时也重点研究了清晰化效果的客观评价问题，分别实现了基于自然场景和雾感知的雾天侦察清晰化质量评价、基于多分辨率特征聚合的模糊侦察清晰化质量评价、基于卷积神经网络的低分辨率侦察清晰化质量评价、基于相机抖动和弹载图像感知的含噪侦察清晰质量评价、基于综合指标的雨天清晰化质量评价算法。与其他资料不同的是，在清晰化的同时也研究了清晰化质量的盲评价问题，这也是本书的一大特点。

另外，本书也分别对实际的五种清晰化技术和质量评价理论进行了综述分析，本书的核心内容知识图谱如图 8－1 所示。由于图像处理技术和深度学习理论的迅猛发展，该方向的研究成果不断涌现，本书的主要目的是为对侦察图像清晰化和效果评价感兴趣的读者提供点滴参考，期望能够抛砖引玉。

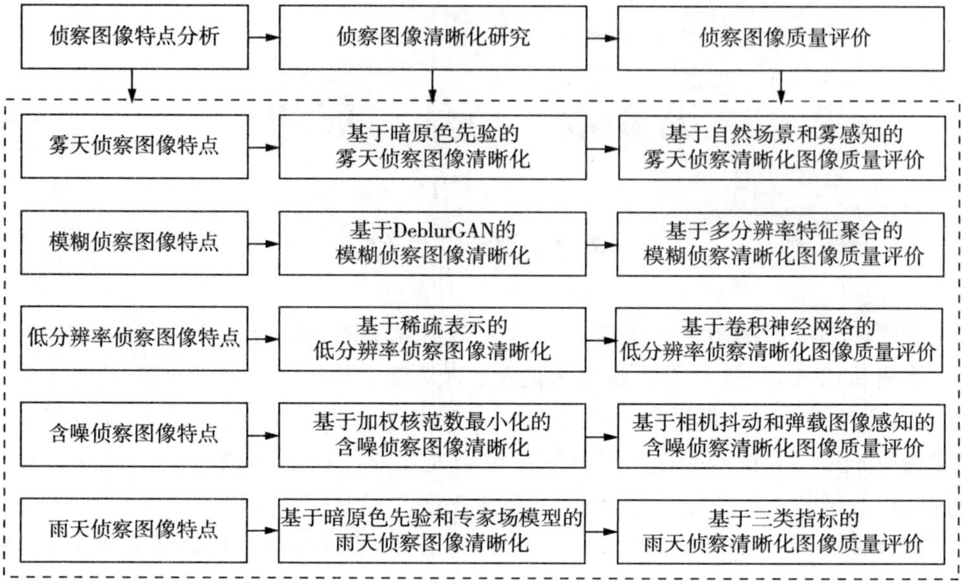

图 8-1　本书主要内容知识图谱

8.2　展望

十几年来图像清晰化技术经历了从基于模型到基于数据驱动的发展历程，针对本书研究内容还存在很多待研究的问题和兴趣点：

(1)清晰化算法模型的适用性和泛化能力有待提升。由于侦察图像的特殊性和复合降质因素影响，从本书研究内容看，五种降质处理的过程类似，难以有效区分究竟包含哪些降质过程，还需要从人为判定到自动识别的处理。

(2)清晰化效果评价需要构建一个通用的有效的算法。目前研究的是针对某一种清晰化处理后的效果评价问题，但按照清晰化后的图像质量表现和技术过程，具有可行性和必要性。

(3)进一步建立并适当公开侦察图像数据库，目前采集的侦察图像已满足初步要求，但相关的微光和红外侦察图像数量不足，在后续研究中会进一步采集图像完善数据库建设。

图书在版编目(CIP)数据

侦察图像清晰化及质量评价方法/李从利，韩裕生，袁广林，薛松编著．—合肥：合肥工业大学出版社，2020.12

ISBN 978-7-5650-5095-4

Ⅰ.①侦…　Ⅱ.①李…　Ⅲ.①军事侦察—军事地图—图像处理—研究②军事侦察—军事地图—图像分析—质量评价　Ⅳ.①E994

中国版本图书馆 CIP 数据核字(2020)第 215951 号

侦察图像清晰化及质量评价方法

李从利　韩裕生　袁广林　薛　松　编著　　　　责任编辑　刘　露

出　版	合肥工业大学出版社	版　次	2020 年 12 月第 1 版
地　址	合肥市屯溪路 193 号	印　次	2020 年 12 月第 1 次印刷
邮　编	230009	开　本	710 毫米×1010 毫米　1/16
电　话	综合编辑部：0551-62903205	印　张	11.5
	市场营销部：0551-62903198	字　数	216 千字
网　址	www.hfutpress.com.cn	印　刷	合肥现代印务有限公司
E-mail	hfutpress@163.com	发　行	全国新华书店

ISBN 978-7-5650-5095-4　　　　定价：35.00 元

如果有影响阅读的印装质量问题，请与出版社市场营销部联系调换。